日本經營之神
不是塑膠做的！
松下幸之助のPanasonic物語

樂 著

 A Better Life, A Better World

U0087256

崧燁文化

目錄

前言

著名學者培根說:「用偉大人物的事蹟激勵我們每個人,遠勝於一切教育。」

的確,崇拜偉人、模仿英雄是每個人的天性,人們天生就是偉人的追星族。我們在追星的過程中,帶著崇敬與熱情沿著偉人的成長軌跡,陶冶心靈,胸中便會油然升騰起一股發自心底的潛力,一股奮起追求的衝動,去尋找人生的標竿。那種潛移默化的無形力量,會激勵我們嚮往崇高的人生境界,獲得人生的成功。

浩浩歷史千百載,滾滾紅塵萬古名。在人類歷史發展的進程中,湧現出了許多可歌可泣、光芒萬丈的人間菁英。他們用揮毫的筆、超人的智慧、卓越的才能書寫著世界歷史,描繪著美好的未來,不斷創造著人類歷史的嶄新篇章,不斷推動著人類文明的進步和發展,為我們留下了許多寶貴的精神財富和物質財富。

這些偉大的人物,是人間的英傑,是人類的驕傲和自豪。我們不能忘記他們在歷史巔峰發出的洪亮的聲音,應該讓他們永垂青史,英名長存,永遠紀念他們的豐功偉業,永遠作為我們的楷模,以使我們未來的時代擁有更多的出類拔萃者,以便開創和編織更加絢麗多姿的人間美景。

我們在追尋偉人的成長歷程中會發現,雖然每一位人物的

成長背景各不相同，但他們在一生中所表現出的辛勤奮鬥和頑強拚搏精神，則是殊途同歸的。這正如愛默生所說：「偉大人物最明顯的標誌，就是他們擁有堅強的意志，不管環境怎樣變化，他們的初衷與希望永遠不會有絲毫的改變，他們永遠會克服一切障礙，達到他們期望的目的。」同時，愛默生又說：「所有偉大人物，都是從艱苦中脫穎而出的。」

偉大人物的成長也具有其平凡性，關鍵是他們在做好思想準備進行人生不懈追求的過程中，從日常司空見慣的普通小事上，迸發出了生命的火花，化渺小為偉大，化平凡為神奇，獲得靈感和啟發，從而獲得偉大的精神力量，去爭取偉大成功的。這恰恰是我們每個人都要學習的地方。

正如學者吉田兼好所說：「天下所有的偉大人物，起初都很幼稚而有嚴重缺點的，但他們遵守規則，重視規律，不自以為是，因此才成為一代名家，成為人們崇敬的偶像。」

為此，我們特別推出《中外企業家成功啟示錄》叢書，精選薈萃了古今中外各行各業具有代表性的名人，其中包括政治領袖、將帥英雄、思想大家、科學巨子、文壇泰斗、藝術巨匠、體壇健兒、企業菁英、探險英雄、平凡偉人等，主要以他們的成長歷程和人生發展為線索，盡量避免冗長的說教性敘述，而採用日常生活中富於啟發性的小故事來傳達他們成功的道理，尤其著重表現他們所處時代的生活特徵和他們建功立業的艱難過程，以便使讀者產生思想共鳴和受到啟迪。

　　為了讓讀者很好地把握和學習這些名人，我們還增設了人物簡介、經典故事、人物年譜和名人名言等相關內容，使本套叢書更具可讀性、指向性和知識性。

　　為了更加形象地表現名人的發展歷程，我們還根據人物的成長線索，適當配圖，使之圖文並茂，形式新穎，設計精美，非常適合讀者閱讀和收藏。

　　我們在編撰本套叢書時，為了體現內容的系統性和資料的詳實性，參考和借鑑了國內外的大量資料和許多版本，在此向所有辛勤付出的人們表示衷心謝意。但仍難免出現掛一漏萬或錯誤疏忽，懇請讀者批評指正，以利於我們修正。我們相信廣大讀者透過閱讀這些世界名人的成長與成功故事，領略他們的人生追求與思想力量，一定會受到多方面的啟迪和教益，進而更好地把握自我成長的關鍵，直至開創自己的成功人生！

人物簡介

名人簡介

松下幸之助（Konosuke Matsushita，西元一八九四至一九八九年），日本著名跨國公司——Panasonic（松下電器）的創始人，日本著名的企業家之一。

松下幸之助出生於日本和歌山縣，少年時代的他只接受過四年的小學教育。

因為父親生意失敗，幸之助在九歲時離家到大阪一家火盆店當學徒，後來在腳踏車店當助手，逐漸對電器產生興趣。

一九一八年，二十三歲的松下幸之助在大阪成立了「松下電器製作所」。當時環境很艱苦，但他帶領製作所員工一同努力、創新，連續推出了先進的配線器具、炮彈型車燈、電熨斗、無故障收音機、真空管等一批又一批成功的產品，逐漸擴大公司的規模。

到一九八九年逝世時，松下幸之助留下了十五億美元（約新臺幣四百五十三億）的遺產。

成就與貢獻

松下幸之助出身於貧民家庭，以一生的事業奮鬥經歷和優秀的經營管理才能，使 Panasonic 從原來一個無人知曉的小工廠發展成為全球知名的企業，取得了令世人矚目的業績，為自己贏得了榮譽。

在國內和國際方面，松下幸之助都取得了引人矚目的成就。

在國際方面，一九五八年，荷蘭政府頒發給松下幸之助「奧倫治領導者聲望獎章」。

一九六五年六月，松下幸之助七十一歲時，獲得日本著名學府早稻田大學的名譽法學博士學位。

一九七○年四月，大阪舉辦了萬國博覽會，Panasonic 在其中專設「松下幸之助館」，展出公司的優秀產品。由此，松下幸之助被授予日本政府的「一等寶瑞獎章」，這是專門為那些製造出優異產品的傑出人物所設的最高獎章。

一九八一年，松下幸之助八十七歲時，被日本政府授予「一等旭日大綬勛章」，這是日本最高的獎章。

地位與影響

松下幸之助被譽為「經營之神」，他建立的 Panasonic 株式會社至今仍有很大的影響力。他提出「自來水哲學」概念，認為

經營的最終目的不是利益，而是把大眾需要的東西，變得像自來水一樣便宜，透過生產活動為人類帶來富足豐裕的生活。

　　松下幸之助認為，使顧客受益是企業獲益的最大源泉。他的這一哲學對一些企業有很大影響。

具備經商天賦

勤勞工作、誠懇待人是邁向成功的唯一途徑。這與沒有嘗過辛苦，而獲得成功的滋味迥然不同。不下工夫卻能成功，根本是不可能的事情。

——松下幸之助

身居沒落的家境

一八九四年十一月，日本正值風雪瀰漫的嚴冬。和歌山縣海草郡的和任村一連下了幾天的大雪，座落在村子中的一間木屋此時顯得特別安靜。

十一月二十七日這一天，幾個產婆在這間木屋房前屋後忙碌著，進進出出，隨著一聲期盼已久的啼哭聲，一個小生命誕生了。這是松下家的第八個孩子，雖然生來瘦小，但是啼哭聲非常響亮。

正楠看了看剛出生的孩子，輕聲說：「就叫他幸之助吧！」

松下這個姓，源於他家祖屋旁的一棵松樹。這棵松樹有著八百年的歷史，枝繁葉茂。

據說此樹有兩個奇特的地方：一是樹的一側向大海的方向傾斜，並長得十分茂盛，另一側則光禿禿的；二是每年過往的仙鶴都會在這棵樹上停留，即使周邊有別的松樹也一樣，年年如此。

這些現象引起了海草郡人的注意和敬畏，稱它為護佑一方的「千旦之木」。

松下幸之助出生時，他的家世已經沒落，成為默默無聞的農民家庭，不過他家祖上確實是名門望族，從收藏在佛桌抽屜裡的家譜上看，上面連續記載著從十八世紀以來四十多位族人的名字。

　除了雙親，幸之助頭上還有兩個哥哥五個姐姐。在他出生的這個村子裡，松下家算是個小地主。

　幸之助的父親叫松下正楠，曾擔任自治村會委員的職務。幸之助的大哥當時在和歌山市唯一的中學唸書，這是一件體面的事。

　因為是老么，幸之助是家裡最得寵的孩子。在他小的時候，常由奶奶背著到河邊捉小魚、小蝦，奶奶哄著他玩遊戲。到了黃昏，奶奶唱搖籃曲哄他睡覺。

　整體而言，松下幸之助的幼年時代可以說過得平凡而幸福。

　幸之助出生時，正楠年輕力壯，擔任自治村會委員。他頗有才能，也有一定的創新意識。他很少從事耕作。在平常的時間裡，他多半主持村議會或參與村公所的事務。

　後來，甲午戰爭結束了，日本漸漸成為國際舞台上的重要角色，經濟開始活躍，開辦企業的熱潮也影響到和歌山縣。

　正楠雖然是農夫，可他同時也是個小地主，他輕視農事，平常不大忙農務。但他也有進取向上的精神，一心想闖出一番新事業，所以懷著這種心情，到交易所從事放空（short）買賣。

　結果非常不幸，正楠很快就把祖先留下來的土地和房子都賠光了。一家老小不得不離開故鄉，搬到和歌山市，變賣剩下的家產，並把它當作資本。

在朋友的大力幫助下，松下一家好不容易才在和歌山市鬧區和本町一段開了一家木屐店。

由於家中經濟每況愈下，幸之助的大哥只得休學回來當店員，幫父親做生意，以此來節約家庭開銷，也能幫家裡賺一些錢。

當時，幸之助才剛滿四歲，對家庭變故沒太多感受，也談不上關心，他依舊每天在母親膝下玩遊戲。

在那個特殊的年代，社會風氣不甚良好，人心也因此不太穩定，松下幸之助記得當時市場上流通著很多偽造的銀幣。每次收到客人給的銀幣時，他的父母都要將銀幣敲響，聽聽它的聲音，看看是不是真的。

松下一家本想仰賴木屐店為生，但是木屐店並沒有維持很久，大約兩年多就關門了。一家人的生活一天比一天困難。

正楠為了維持家庭生計，每天都得勞碌奔波。松下幸之助到晚年仍清楚地記得父親當時辛苦的模樣。

在幸之助入小學的那一年，他的大哥經人介紹，到剛剛創立不久的和歌山紡織工廠當事務員。

但是福無雙至，禍不單行。有一天，大哥感冒病倒了，回家養病，過了三個多月就去世了。緊接著在同一年，二哥和大姐也相繼染病去世。他們都患了流感之類的傳染病。

松下一家的生活本來就相當窮困，這些不幸更是雪上加霜，父母的精神狀態和經濟狀況都受到了沉重的打擊。在那樣的境遇下，幸之助的母親更加疼愛他。

身為一家之主，正楠承擔了家庭生活的重擔，為了維持一家人的生計，他焦急地嘗試做各式各樣的工作，不再計較工作能不能為他帶來榮耀。而此時的幸之助仍是個無憂無慮的孩子，一直過著天真的小學生生活。

一九〇二年，幸之助正在讀二年級，大概是因為正楠對未來有了新的指望，隻身前往大阪，在創立不久的私立大阪盲啞學校找到了一份工作，開始在那裡照顧盲啞學生，並處理行政事務。

從那以後，幸之助和母親、姐姐就依靠父親每月寄來的少許生活費，過著清苦而平淡的生活。幸之助繼續在學校讀書，一直讀到了四年級。

幸之助是一個非常討人喜歡的學生，他和一位老師的關係非常要好，他常到那位老師家玩耍。老師家相當寬敞，常常有橘子或其他一些自己種的水果可吃。這裡是幸之助和其他小孩子最喜歡玩樂的地方。

松下幸之助從小就富有同情心。

有一次，他看到班上有個叫龜太郎的男生在欺負其他同學。龜太郎的父親是地痞流氓，龜太郎也經常欺負同學。他威脅

一個同學代替他當值日生，幫他掃地拖地。同學不同意，龜太郎掄起拳頭就要揍他。這時，幸之助挺身而出，仗義執言。龜太郎霎時被他正氣凜然的模樣震懾住了。

從那以後，龜太郎收斂了許多。幸之助在同學心中的形象很好，受到很多同學的擁護。

輟學外出謀生

幸之助的家人一直過著平淡的生活。

直至一九〇二年十一月中旬，也就是幸之助四年級的秋天，正楠寫信對家人說：

幸之助已經讀四年級，還有兩年就畢業了。正巧我有一個姓宮田的朋友，他在大阪的八幡筋開一家火盆店，正需要學徒。這是一個很難得的機會，趕快叫幸之助過來。

九歲那年的秋天，幸之助向商都大阪出發了。幸之助一路上看著窗外的景色，做著平凡的幻想。

大阪到了，正楠已在車站等著，幸之助從來沒有這麼高興過。當時的車站沒有豪華的建築物，只不過像現在小都市的普通車站罷了，但足以令他覺得新鮮。

就這樣，幸之助從火盆店開始他的學徒生涯。這家火盆店是自製自銷的店鋪，幸之助和其他員工都稱呼店長為老大。老大

和兩三個職員負責製作貨物，擺在店面銷售，有時也到客戶家銷
售。

幸之助的名分是學徒兼小孩保姆。

由於他在家過慣了苦日子，所以對幫大人打雜並不感到辛
苦，可是心裡寂寞難耐。晚上打烊就寢後，幸之助十分思念母
親，哭個不停。最初的四五天都是如此，待久了以後，偶爾想起
來還是會哭。

在火盆店裡的工作，除了照顧小孩之外，幸之助有空就要
擦亮火盆。上等貨和下等貨擦亮的方法不同。先用砂紙擦，然後
用木賊擦。木賊是一種草，光是用木賊擦好火盆，就得花上一天
工夫。幸之助原本柔細的雙手很快就破皮了，也紅腫起來。

一個月下來，每次早上使用抹布時，水就會浸入皮膚乾裂
處，很痛。

身為一個學徒，薪水是初一和十五各發一次，每次五分
錢，幸之助在家裡從來沒有領過那麼大筆的錢，所以非常高興。
可是有一回，他犯了一次過失，用掉了一分錢。

當時有一種鐵陀螺，在大都市裡很少見到，可以甩在盆子
裡打轉，是當時流行的一種遊戲，幸之助很喜歡玩。那一天他背
著老大的小孩，跟鄰居孩子玩鐵陀螺。

為了把鐵陀螺甩入盆裡，他一時用力過猛，竟把背上的嬰
兒甩翻下去，他眼明手快地抓住嬰兒的腳，嬰兒的頭卻重重跌在

地上。他那時才九歲，個子太矮了，嬰兒頭上立刻腫起一個包，「哇哇」地哭起來，聲音很響，身體又呈現「倒頭蔥」，周圍的孩子都嚇壞了。

幸之助嚇得臉色發白，趕緊丟下鐵陀螺，抱著孩子哄啊哄，可是嬰兒怎麼也不肯停止哭泣。他想，就這樣抱回去一定會被罵死。

幸之助不敢回去，嬰兒又哭個不停，真讓他手足無措，這時，他靈機一動，下意識地跑進糕餅店買了一個饅頭給孩子吃。

說也奇怪，孩子一看到饅頭就不哭了，他一邊抽噎一邊吃起來，幸之助這才鬆了一口氣。

那是一家高級地區的高級店鋪，饅頭的價格是每個一分錢，這可是幸之助三天份的薪水。

回家以後，他把這事情老老實實地交代出來，很意外地沒挨罵。不但沒挨罵，大家還笑著說：「你這小鬼，花錢不手軟啊！」

這樣的學徒生活持續至次年二月。

二月時，老闆認為，與其自產自銷，不如專職一項，便關閉店鋪，遷往別處發展。臨走前，他介紹幸之助去五代先生那裡當學徒。

從二月起，幸之助到腳踏車店當學徒。在當時，腳踏車還

是奢侈品。

　既然要當腳踏車店學徒，就得先學會騎腳踏車。幸之助從第一天當學徒起便開始學。

　但他還是個十歲的孩子，個子矮小，要正規騎是不可能的。那時也還沒有專為小孩設計的腳踏車，幸之助不得不用大人的腳踏車來練習。

　小孩子想要騎車，因為腿不夠長，必須使勁伸腳踩在踏板上，以彎腰半蹲的姿勢騎，動作實在很違反人體工學，別人看上去也很不美觀。再說，長時間維持半蹲的姿勢也算是高難度動作。

　另外，馬路上人來車往，實在沒有足夠的空間讓幸之助練車，幸之助只好跑到巷子裡。他每天晚上勤加練習，一個星期之後，終於學會騎腳踏車。雖然騎得歪歪斜斜，但這已經讓他高興得不得了。

　當時，腳踏車在一般人眼裡是稀有物品，價格高昂，價位根本就不是為平民百姓設計的。

　那時，大部分的腳踏車都是美國貨和英國貨。

　一九〇四年日本橋三越百貨興建完成時，年輕的店員騎上腳踏車滿街兜風送貨，瀟灑的姿態曾經轟動一時。

　後來，腳踏車才變得和木屐一樣普通，到處都可以看到，

不但有清一色的國產品牌，甚至還向國外輸出，這是小時候的幸之助做夢也想不到的。

幸之助在腳踏車店當學徒的工作並不單調，早晚打掃房間、擦桌椅、整理陳列的商品，這些事每天至少要做一次，然後是見習修理腳踏車，或當助手。

幸之助認為修理腳踏車的工作有一點像小鐵匠，店裡也有車床和其他設備，所以他也學會了使用這些機器。他從小就喜歡鐵匠類的工作。做起來不但不覺得討厭，反而感到有趣，因此，他每天都過得很愉快。

當時轉動車床並不用電，要仰賴工人用手轉，這對年幼的幸之助來說頗為吃力。最初一二十分鐘，他還可以勉強支撐，到了三四十分鐘，他手就痠了，沒力氣再轉，怎麼也撐不住了。

這時前輩工人就會用小鐵槌敲一下他的頭，乍聽起來好像很暴力，可是當時的工人就是這樣。

當學徒都得經過這樣一番「千錘百煉」，才能出人頭地，不服氣都不行。如果有人提出抗議，還會因此惹上麻煩。幸之助認為這樣的做法雖然不合理，但這也是師徒之間溝通的一種方法。

幸之助一邊當鐵匠學徒，一邊當跑腿快遞，有時送東西到客戶家，有時也到老闆親戚家辦事。這時候，老闆娘會親切仔細地教他如何說話，如何向對方道謝才不失禮。

光陰似箭，一年的時間做夢似的過去了。

　　店裡的生意越來越興隆，店員也增加到四五個人。幸之助雖然個子矮小，卻已經躋身老店員之列了，他可以向新進店員耍耍威風了。這時候，腳踏車競賽開始興盛。老闆為了促銷腳踏車，一方面培養選手，一方面組織後援團體到各地舉行競賽。

　　當時的大阪新報社也為競賽出了不少力。老闆家的「五代商會」，自從有了自己的品牌後，常有選手到店裡光顧，因此，幸之助也想當一名腳踏車選手。

　　他每天早上四點就起床去競賽場，騎著比賽用的腳踏車練習。集合在場上的選手，每天上午都有三四十人以上，所以後來就有人在競賽場旁邊開了一家小茶店。

　　幸之助雖然每天早上勤奮練習，可是他的進步非常有限，大概是沒有這方面的天賦吧！不過，他去各地參加競賽，也有好幾次得過第一。

　　有一回，到淡路板屋的大會比賽，結果他又得了第一，觀眾誇獎他說：「這個小鬼好厲害啊！」

　　還有一次，當他快接近終點時，自己的前輪撞到前面選手的後輪，幸之助的車子翻倒，他不省人事。那次他折斷了左鎖骨，到伊吹堂接骨醫院治了一個半月才好。

　　為此，老闆叫他不要再參加競賽，就連幸之助自己也有幾分後怕。自那以後，他就不再練習，也不再參加比賽了。腳踏車競賽也在流行一陣子之後，就開始沒落了。

幸之助一邊過著學徒生活，一邊也學習做生意。正楠一直在心裡期望他有朝一日能出人頭地。

幸之助小時候腸胃不太好，又有尿床的毛病，常常尿在褲子裡。類似的事發生過好幾次，每次他都跑去尋求父親的協助。正楠總是口頭禪似的說：「你快要發跡啦！大人物都是從小學徒做起，經過千辛萬苦才成功的。不要灰心，要堅持啊！」

正楠對於賠光祖先財產的事耿耿於懷，加上前兩個兒子過世得早，於是把所有希望都寄託在幸之助身上。

有一回，發生了這樣的事情：在幸之助十一歲那年，由於他和父親都住在大阪，留在和歌山的母親便搬到大阪來住。他的姐姐讀過一些書，於是在大阪郵局擔任會計人員，一家人在大阪團聚。

那時局裡正好在招募新員工，姐姐和母親商量，讓幸之助去應徵。商量之後，母親要幸之助好好利用這個在郵局上班的機會，晚上到附近的學校讀書。幸之助也很高興地答應了母親。

每天在母親和姐姐的身邊上班，晚上還可以去上學，這當然比學徒自由多了。於是幸之助請求母親幫他換工作。

母親說：「我去問問你爸爸，如果他同意，我就同意。」

誰知父親卻回答：「你媽媽要你去郵局上班，晚上去讀夜校，我不贊成。我希望你繼續當學徒，將來出來做生意，我認為這是你最好的路。不要改變志向，繼續當學徒吧！我知道現在

有好多人連一封信也不會寫，但他們都在做大生意，手下僱用了很多人。只要能把生意做成功，就能僱用有學問的人，所以絕對不要只當一個普通職員！」

雖然幸之助想當一名小職員，一邊工作，一邊學習，但由於父親不同意，幸之助也只好放棄了。

沒有學問並沒有成為松下幸之助的遺憾。

沒有上學，反而使他提早領悟其他方面的道理，才有後來的成就。

逐漸培養經商才能

在學徒時期，松下幸之助的商業天賦很早就表現出來。

來店裡的客人常常請幸之助去買香菸，他只好先把髒兮兮的手洗乾淨，跑到附近的香菸店。

次數多了以後，他開始思索：「這樣洗一次跑一次，又麻煩又花時間，如果先大量買來放在店裡，不是很省事嗎？既不用跑，又不必中斷修車的工作，還有一點微薄的利潤。一次買二十包香菸還額外贈送一包，等於每賣二十包就可以白賺一包，這不是一舉三得嗎？」

幸之助立刻將這個想法付諸行動。

誰知這麼做了以後，他居然就出名了。有的客人說：「你們

店裡的那個小弟真是聰明啊！將來必定能成為大人物。」

幸之助十三歲那年，他的學徒薪水增加了，有時也有機會去拜訪客戶。幸之助一直想獨立賣出一輛腳踏車。可是，當時腳踏車的價格還很高，即使有顧客想買，也輪不到他這小徒弟一人去銷售，頂多讓他跟著其他店員送車。

有一天，本町二段的鐵川蚊帳批發商打電話來：「送一輛腳踏車給我們看看吧！我們老闆在，現在趕快送來吧！」

幸之助聽了，以為機會來了，精神抖擻地把腳踏車送到鐵川批發商去。他雖然不是銷售老手，卻很認真地講解腳踏車的好處。那年他才十三歲，自己看來勉強可以算鄉下的美男子吧！但是人家只把他當作可愛的小弟弟。

鐵川老闆看幸之助認真說明的模樣，很受感動，摸摸他的頭說：「你很熱心，是個好孩子。好吧！我決定買下來，不過要打九折。」

幸之助太興奮了，所以沒拒絕就回答說：「我回去問老闆！」

幸之助邊說著邊跑回來告訴老闆：「對方願意九折買下來。」

出乎幸之助意料的是，老闆說：「九折也太多了吧！算九五折吧！」

這時候，幸之助一心一意想獨立完成他的第一筆交易，很

不願意再跑一趟去說九五折，竟對老闆說：「請您不要賣九五折，就以九折賣給他吧！」說著說著，竟然哭了起來。

老闆感到很意外：「你到底是誰的員工啊？ 這是怎麼回事？」

幸之助一直哭個不停。

過了一會兒，對方的員工到店裡來：「怎麼等了這麼久呢？難道不肯減價嗎？」

老闆說：「這個孩子回來叫我打九折賣給你們，我不同意，他就哭起來了。我現在正在問他，他到底是誰的員工呢？」

那人聽了，好像被幸之助的熱心和純情感動了，立刻回去告訴他的老闆。鐵川老闆說：「真是一個可愛的學徒。看在他的份上，就按照九五折買下來。」

終於成交了。這就是松下幸之助第一次成功地賣出腳踏車。

鐵川老闆甚至對他說：「只要你還在五代商行，以後只要我們需要腳踏車，就一定在五代商行買。」

這真的給了幸之助很大的面子。

還有一件關於松下幸之助的事，有個店員聰明伶俐，老闆對他的印象也不錯，但不知道為什麼，他常常偷拿店裡的東西去變賣，充當零用錢。紙包不住火，有一天，他的這種行為被別人發現了。

　　老闆認為，這個人辦事能力還不錯，只是一時糊塗，不如原諒他吧！於是說了幾句訓誡的話，還是讓他留下來了。

　　幸之助知道這件事以後很憤慨，就對老闆說：「這件事這樣處理，我覺得很不妥。我不願意跟那種人一起工作。如果您要把他留下來，我就離開。」

　　老闆聽了，面露難色，最後選擇留下幸之助，開除了那名員工。

　　松下幸之助在少年時期就富有才氣和正義感，這在他日後成為一個大企業家的過程中發揮了重要作用。

　　幸之助的父親在事業上算不上一個成功人士，但他卻不斷地以他的愛鞭策著幸之助。

　　有一天，意想不到的事情發生了。

　　一九〇六年九月，正楠忽然生病，三天後就去世了。

　　母親、姐姐和幸之助的哀痛不言而喻，最使他幼小的心靈感到難過的是：父親做了不該做的放空生意，賠光了祖產，雖然父親對家族和祖先心存愧疚，但他大概還是想挽回名譽吧！只要身邊有了一點錢，他就不理會母親的勸阻，堅持做他的放空買賣，直至死去為止。不論是非曲直，父親那樣的心態，讓身為小孩子的幸之助感到非常難過。

　　幸之助每每想到父親的模樣、父親和家族在老家鄉村的名

聲，就不禁聯想起父親訓誡他的話，他勉勵自己要好好努力。

父親突然辭世後，幸之助便成為松下家的戶主，成為家中的棟樑，挑起家庭的重擔。

父親過世之後，幸之助的母親和姐姐都不願意繼續住在她們不大熟悉的大阪，於是她倆回到和歌山市。只有幸之助留了下來，立志完成父親的遺訓。

戶主的責任意外落到他肩上，也令他覺得這個包袱實在太沉重了。展望未來，少年人的面頰上幾度露出躍躍欲試的神色。他的身體依然孱弱，可是苦難的境遇，把他的意志鍛鍊得鋼鐵一般堅強，他外貌柔和，內心卻蘊藏著一股大丈夫對任何事無所畏懼的衝勁。

在幸之助當學徒期間，當時的國定假日只有過年、天皇誕生日和夏祭，其他日子都不休假。他服務的五代商行算得上是新興行業，看上去也比別人時髦一點，至少比火盆店的工作體面多了。

可是，比起每逢星期日就休假的人，卻還是差遠了。因此，幸之助天天都盼望著過年、天皇誕生日和夏祭的來臨。

還沒到十月末，員工之間就開始談起過年的計畫，大家都期盼著新年的到來，於是更提起精神來工作。

幸之助每天的工作可以說是從早忙到晚。當時學徒的衣食，在現在看來很奇怪，尤其是那種給學徒穿的衣服：中秋節和

過年會發棉衣，夏天發單衣。有些商店會另外加上襯衫和褲子。

當時的薪水是這麼算的：十一二歲的小徒弟，每個月是三四毛錢；十四五歲的學徒，每個月有一元左右。幸之助從十歲當到十五歲，服務了六年，到離職時的薪水是每個月兩元。

這足以說明當時的薪水有多低，雖然薪水很低，當時的學徒卻個個都有儲蓄。除了存錢之外，每逢過節時可以添一件衣服，這也讓他們引以為樂。

當時的伙食是一日三餐，早餐是醬菜，午餐是青菜，晚餐還是醬菜，只有在初一和十五的午餐裡才有魚。所以過了初一，大家就開始期待著十五午餐的魚。

幸之助這幾年受到老闆和老闆娘很多照顧，多少學會了一點做生意的本事，也能幫上老闆一點忙。

這樣一個有作為的少年，五代商行的老闆自然對他懷有好感，並且將他視為可靠的心腹。

在大阪船場街區，各行各業有著嚴格管教學徒的傳統。眾老闆把經商的禮儀、規矩和經驗等，透過工作中的嚴格指導，極為認真地傳授給學徒，這是大阪商人維護自己聲譽的表現。也正是因為要求嚴格，學徒哪裡做得不好，不管年齡大小，老闆都會毫不客氣地給學徒一記清脆的耳光。

五代腳踏車店作為船場街區的名店，對學徒的管束更為嚴屬。

每天一大早，五代老闆就會吆喝大家起床，聽到老闆吆喝的小學徒必須馬上起身，如果動作稍慢一些，就可能惹來老闆的責罵：「這樣慢吞吞的，烏龜都比你快呢！你是來我這做事的，不是來偷懶睡覺的！快，動作快！」

每當老闆發脾氣的時候，總會有個女人出來勸阻：「音吉，他們都是小孩子，動作自然慢一點，不要著急，好習慣也是逐漸養成的呀！」這個勸說五代商行老闆的人就是腳踏車店的老闆娘。

老闆娘是一位善良、慈愛的女性，在日常生活和工作中給了學徒們母親般的關愛和溫暖。

她三十多歲，體態豐腴，一頭烏黑亮麗的頭髮，圓圓的臉，淡淡的眉毛，一雙眼睛清澈明亮，總是漾出笑意。老闆娘的衣著樸素，但很合宜，看上去簡樸，卻透露出優雅和素養。她出身貧苦，沒有讀過什麼書，但舉止、談吐頗有大家風範，善良、聰明而有教養。

在幸之助等學徒的眼中，老闆娘是天底下最好的人。

五代老闆夫婦沒有孩子，因此把店裡的學徒當成自己的孩子一樣看待，學徒的飲食起居都由老闆娘一人照管，從早忙到晚。學徒的衣服破了，老闆娘就拿去縫補。每天除了忙店裡的生意，還要上街買菜、做飯。每天開飯時，聽到老闆娘清脆、熱情的聲音傳來，學徒們都一掃工作的疲勞，狼吞虎嚥地吃起來。

　　雖然老闆五代音吉十分嚴厲，但對學徒卻關照有加，總是讓學徒先吃，自己看店，直到學徒吃完，才跟著老闆娘一起用餐，而且吃的和學徒一樣。老闆夫婦給予學徒父母般的關心與呵護，讓店裡也形成了有別於其他店鋪的、家族式的親近感。

　　每當幸之助需要出門辦事的時候，老闆娘總會幫他整理衣服，並仔細地教他說話禮儀。老闆娘的慈愛和呵護，教會了幸之助許多做人處世的道理，也使得漂泊異鄉的小幸之助心裡倍感溫暖。

　　由於幸之助的年紀小、身材矮小，即使是使出吃奶的力氣，工作效率也總是比其他學徒差一點，有時還會不慎說錯話、辦錯事，這時，老闆會毫不客氣地給幸之助一記耳光。

　　身為學徒的幸之助總是含著淚回答：「是！我知道錯了！」

　　無論多麼委屈，幸之助都不會直接表現出來。這時，老闆娘總會把他摟到懷裡，安慰說：「阿吉（幸之助的乳名）呀，別委屈啦！老闆是為了你好，他希望你能夠做得更好才會對你這麼嚴厲，千萬不要懷恨在心，要改正啊！阿吉也是個小大人了，要努力才能成大事啊，你說是不是啊？」

　　小幸之助蜷縮在老闆娘的懷抱中，真想一輩子不出來，聽了老闆娘的勸慰，就好像媽媽就在身邊一樣，於是他暗暗下定決心，今後一定要更加努力。

　　就這樣，在老闆娘的關照和呵護下，幸之助的表現越來越

好，遭遇困難和受委屈時也不常哭了。

小幸之助經歷了很多不幸，年僅九歲就離家生活，但他也是幸運的，遇到了善良的五代夫婦，遇上了一位溫柔、慈愛的女性——老闆娘。她雖然不是幸之助的母親，卻給了他無微不至的母愛，讓他在異鄉求生不那麼淒涼、悲苦和無助。

有一次，五代老闆為了慶祝某個活動，要在店前照一張集體照。這對幼小的幸之助來說是十分值得期待的事，照相的前一晚甚至興奮得睡不著。

到了照相那一天，幸之助穿上新衣服先去一個客戶那裡辦事，但是客戶那天非常忙，使幸之助未能按時回到店裡。

辦完事，幸之助跑著回到店裡的時候，照相已經結束。看著滿頭大汗的幸之助，老闆說：「阿吉啊！我們本來想等你，但是照相師還有別的客人，所以就先照了，你下次再照吧！」

還沒等老闆說完，幸之助就委屈地大哭起來。

老闆娘走到幸之助面前，為他擦擦汗，又抹去淚水，心疼地說：「阿吉，別哭！」然後拉著他的手上街。

一路上，幸之助任由老闆娘拉著自己的小手，跌跌撞撞地走在路上抽泣著。

老闆娘帶著幸之助來到照相館，兩人拍了一張合影。這件事給松下幸之助留下了深刻的印象，直至老年，他還不時拿出這

張珍藏的合照觀看，不僅是因為這是他第一次照相，更是因為這張照片充滿著老闆娘的慈愛。

松下幸之助小時候有尿床的毛病，一天夜裡，幸之助又尿床了。

他這一夜沒有睡好，不由得想起了遠在異鄉的媽媽，以前媽媽為了防止幸之助尿床，總是在半夜的時候將他叫醒，而且即使弄髒了床，媽媽也會收拾得乾乾淨淨。可現在身處他鄉，躺在冰冷潮溼的被窩裡又能指望誰呢？ 這是他從小就有的毛病，一直沒有改好。

一開始，他時時注意，每天一到下午就不敢喝水，可是這天不知怎麼的，竟然出了差錯。

自尊心極強的幸之助再也無法入睡，望著漆黑的天花板發呆。為了不讓大家發現，幸之助天還沒亮就起來折被子，等待老闆喊他們起床。

也不知道等了多久，終於聽到了老闆的催促聲，幸之助第一個從房子裡跑出來，正好碰到打水的老闆娘，她吃了一驚：「阿吉今天起得好早啊！」

幸之助只「唔」了一聲，就趕緊跑出去做事，生怕別人知道他尿床。

這一天，因為尿床沒有睡好的他顯得無精打采。好不容易到了睡覺的時候，他卻不願意鑽進尿溼的被窩，可是又沒有辦

法，只能無奈地躺了下去。

「咦？被子怎麼是乾的啊？」幸之助心裡跳了一下，他蓋的是一床新被褥，那自己尿溼的被褥呢？

「一定是老闆娘看我這麼早起，就檢查了我的被子。」

「糟了，這下怎麼辦啊？尿床的事還是被人發現了。」幸之助此刻覺得好丟臉。不過，還有一件事更讓他憂心：「要是我今晚再尿床怎麼辦？總不能天天讓老闆娘幫我換新被子吧？怎麼辦啊？」

於是他決定等上了廁所再睡，可是由於昨晚沒有睡好，又忙碌了一天，不一會兒，他就進入了甜甜的夢鄉。

睡得迷迷糊糊的幸之助感覺有人在推自己起床，還替他披上了衣服，讓他去尿尿。幸之助以為是在家裡，不由得喊了一聲「媽媽！」

老闆娘一聽，忙問道：「阿吉，你叫我什麼？」沒有子女的老闆娘早已把幸之助當成自己的孩子了，這一聲「媽媽」喊得老闆娘十分歡喜。

這一問，幸之助完全清醒了，他不好意思地鑽進了被窩。

老闆娘拍了拍躲在被窩裡的幸之助說：「阿吉呀，別不好意思，以後我會天天叫你起來尿尿的，直到你自己能起來為止，還有，被子弄髒了不要藏起來啦！」

聽了這番溫暖的鼓勵話語，幸之助的眼淚止不住地滾落，並用力點了點頭。從此以後，老闆娘天天夜裡都會按時叫醒幸之助，就這樣過了幾個月，幸之助澈底改掉了尿床的毛病。

此後該是幸之助報答老闆的時機，老闆對他也有所期望，偏偏在這個時候，在入店的第七年，他卻毅然決然要辭職，想要進入與腳踏車沒有直接關係的行業裡，希望進入一個全新的、更有意義的生活環境。

當時幸之助很認真地擬訂了這個荒謬計畫，後來果然被證實是令人噴飯的傻事。後來，腳踏車越來越普及，價格降低了，需求升高了，老闆的生意已由零售店發展到相當大的批發商，腳踏車已進入實用時代。

就在這時候，大阪市計劃在全市鋪設有軌電車軌道。從梅田經過四座橋的築港線已經全部開通，其他路線的工程也在積極進行中。

幸之助認為有了電車以後，腳踏車市場的需求就會減少，因此他對腳踏車的未來並不感到樂觀；另外，他開始關注電機事業。

於是，幸之助的心動搖了。雖然對老闆十分抱歉，他還是下定決心辭職，然後轉業。

日俄戰爭結束後，日本產業界進入第二次革命的階段，大阪市街景大異往昔，許多家庭開始使用電燈，古老的商店改建成

西式洋房，大型工廠也到處可見，煙囪裡冒出的黑煙十分醒目，工廠工人取代了學徒，工人以及上班族越來越多。由於重工業的發展，日本已朝向近代工業國的方向邁進。

由於對老闆家很留戀，辭職這件事令幸之助左右為難。後來，幸之助把心中的計畫告訴他的姐夫龜山，徵得他的同意後，幸之助請他幫忙交涉進入電燈公司當職員。

雖然已經下定決心，但真的到老闆面前時，幸之助卻開不了口了。

一天過去了，兩天也過去了，這樣拖下去是不行的，幸之助請人打電報來，電報裡謊稱母親病危。

老闆為此嚇了一跳，很擔心幸之助。同時，他也已察覺到幸之助這幾天的行為有點反常，就對他說：「我覺得你最近總是坐立不安，你也許在擔心母親生病的事，如果有意辭職，可要老實說出來。你已經為我工作了六年，你要辭職，我不會不答應的。」

可是，幸之助怎麼好意思承認呢？他一再地在心中向老闆道歉。然後，帶著一件換洗的衣服就離開了老闆家。就這樣，他一走便有一段很長的時間都沒有再回去。

幸之助寫了一封信，向五代先生道歉並辭職，結束了學徒生涯。

後來幸之助到電燈公司上班，大約半年之久，只要有休

假，他都會回到五代先生家幫忙做事。

五代先生對他說：「你還是回來吧！你現在領多少薪水，我們也給你多少。」

幸之助卻沒有接受此番好意。其實，他回去幫忙只是因為對這間店有說不出的感情，並沒有其他的意思。後來，幸之助因為忙於自己的事業，漸漸不再和五代商行聯絡了。

初露才華

幸之助從五代腳踏車公司辭職出來，立即向大阪電燈公司申請工作，不巧，此時該公司沒有職缺，讓他等待補缺，就這樣推遲了數月之久。

當時的電燈公司還是民間的私人公司，社長（編按：意即臺灣企業的總經理）是土居通夫。本來說好會立刻錄取的，可是不知道為什麼，半個多月過去了，幸之助還是沒有收到消息。

幫幸之助介紹工作的人說：「本來說好立刻上班，可是人事那邊說，要等有職缺才會正式錄取，所以，只好請你再等等。」

這使幸之助相當為難，尤其是他沒有積蓄，一直仰賴姐夫龜山家幫忙，這種吃閒飯的日子讓他難以忍受。於是幸之助跟姐夫商量，要當臨時工，姐夫也替他找到了工作。

那時他上班的公司，是位於築港新生地的櫻花水泥股份公

司。這家水泥公司的資本有十萬日元，是新成立不久的公司。

　　幸之助的姐夫在那裡當工人，因此很輕易地就介紹幸之助去工作。可是，當時幸之助才十五歲，還在發育之中，而那些搬運工個個是身強體壯的莽漢。

　　幸之助跟這些人一起工作，整日提心吊膽，唯恐不能勝任。尤其要把水泥放在台車上推來推去。這樣的工作實在讓他吃不消，常常會被後面推來的台車趕上，好幾次幾乎相撞。

　　這時，後面的工人就會粗魯地說：「喂，小鬼，快推啊！慢吞吞的會被撞死啊！」

　　幸之助雖然拚命推，可是力不從心，真不知如何是好。

　　做了十天左右，監工看到幸之助的模樣，實在心疼，就同情地說：「你的體能不適合在這裡工作，趕快去找別的工作吧！」

　　後來，幸之助被派到工廠裡，擔任看守、測量水泥機器的工作。這是製造水泥的中心工廠，整天粉塵瀰漫，使人看不見五公尺之外的東西。即便用布包住眼睛和嘴，一小時之後，也會滿嘴粉塵，喉嚨也開始痛起來。

　　雖然不費體力，可是那種灰塵滿天的場所，幸之助一天就投降了。只好回去當原來的搬運工。「習慣成自然」的力量是很偉大的，慢慢地，幸之助習慣了搬運的工作，勉強可以勝任了。

　　這家水泥公司後來因為經營困難，現在已經不存在了。

工廠建在填海新生地上，每天都有小蒸汽船從築港的碼頭出發，公司職員和工人都坐小蒸汽船來上班，如果誤了上船的時間，那一天就要休息了。所以大家都很準時上班。

工廠從早上七點開始作業，船六點半從碼頭出發，所以幸之助每天早上一定要趕在六點前離開家裡。每天早晚坐小蒸汽船，在港內通勤，正值夏季，海風微微吹來，那種感覺無法形容，尤其對一整天都在灰塵中工作的人來說，更是痛快無比。

欣賞風景之餘，還能充分體會工作之後的輕鬆快樂，養精蓄銳以待明日的差事，這對他們來說是一種享受。

有一天，幸之助坐在船邊，看著夕陽，享受迎面吹拂的海風，有一個船員走向他，不知道為什麼，腳一滑，掉了下去。當他掉下去的一瞬間，忽然抱住了幸之助。

於是幸之助也在剎那間被拖到海裡去了。他在海水中掙扎，等到浮出水面時，小蒸汽船早已開到三百公尺外。

這時候，幸之助忘了害怕，拚命游泳，幸虧是在夏天，他恰好也會游泳，所以能苦撐到蒸汽船回來救他。如果是冬天，恐怕就要被凍死了。

這件事和做搬運工以及在粉塵滿天的工廠裡看守機器，雖然都是短期內發生的事，但在幸之助的心中，這些經驗帶給他很多想法。

前後工作了三個多月，介紹人才通知他，大阪電燈幸町營

業所內線員有職缺，可以去報到了，於是他趕緊去辦理就職手續。

幸之助就職於大阪電燈公司的時候，正是日本明治王朝接近尾聲的年代。日俄戰爭的結果，表面上是日本勝利了，實際上，戰爭也使得日本的經濟衰退了。

當時內線組的主任千葉恆太郎，是一個有江湖老大味道的人，很有威嚴，幸之助第一次被他叫去談話時，心裡又高興又害怕，感覺很複雜，當時幸之助在心中發誓，未來要在這裡拚命工作。

就這樣，一九一○年十月二十一日，在幸之助十五歲的時候，他終於踏出了步入電器界的第一步。

大阪電燈公司是當時電機事業中較為特殊的一家。它和大阪市訂立了《報償合約》，獲得大阪市電器供應獨占權，同時規定必須對市政府提供一定報償作為公益。

當時的電器事業仍以電燈電力為主，一般大眾只有透過電燈才會感受到電的存在。街上更不像今天這樣到處是電器企業。只有電燈公司的人才能處理電。大家都認為電很可怕，一碰就會死。

大家也都把電燈公司的技工或職員視為特殊技術人員，十分尊重。

幸之助在電燈公司擔任內線員實習生，是做屋內配線員的

助手，每天都會到客戶家工作。

　　助手的工作是：拉著載滿了材料的手推車，跟在正式技工後面走。這手推車一般人稱為「徒弟車」。當時有很多商家都用這種車，車身雖然輕，卻很難拉，效能很差，只要載上一點東西，就會使拉車的人感到沉重。

　　幸之助就是拉這種車子到客戶家工作的。這一家做完了還要到下一家去，就這樣轉了五六家，直到下午四點多才能回到公司。由於他過去三個月在水泥公司當過臨時搬運工，所以不會感到非常吃力。

　　往來於不同的客戶間，還可遇到各式各樣的人。這些事情比水泥公司的工作有趣多了，幸之助一點也不覺得辛苦。一兩個月後，幸之助對配線工作已經相當理解了。簡單的工作只要有正式技工看著，他也會做，他對這份工作的興趣也越來越濃。

　　在幸町營業所內線組工作三個月後，由於公司擴充，要在高津增設營業所，幸之助被派去當那裡的內線員，同時由實習生升級為正式技工。

　　因為是擴充時期，從實習生升級為正式工人的機會較多。可是，在三個月這麼短的期間內就升級為正式的工人仍屬破例，何況幸之助當時才十六歲。他非常幸運，因而更加努力工作。

　　實習生和正式工人雖然都是工人，待遇卻有天壤之別。按照慣例，實習生必須絕對服從正式技工的命令，還要替他端茶倒

水，為他修理木屐，很像師徒關係。因此，實習生非常渴望升遷為正式職工。

當時的工人有自誇技術或與別人比較的風氣。只要技術好就可以傲氣十足，技工與技工之間競爭很激烈。幸之助成為正式技工之後，初次出去工作，比起往日，感覺有如從平地登上富士山。

十六歲就當正式技工的幸之助，每次都帶著二十歲以上的實習生出去工作。幸之助的技術非常好，在同事中相當有威信。因而常常被派到高級住宅維修安裝。

由於他年紀小，加上當時的人對電缺乏認識，所以，常常有人誇獎他說：「你年輕有為，真是了不起的人才！」

幸之助在工地是很被重視的，常常被客戶指名負責特殊工程。當時的電燈公司從不把電燈工作交給承包商去做，都是公司直營，所以大阪市內的新增設工程，小至普通住宅、店鋪，大至劇場、大工廠，全部經由公司職工完成。

幸之助在七年之間做遍所有的工程，其中有幾件讓他留下了深刻的印象。

一九一二年，每日新聞社在濱寺公園開闢海水浴場，浴場要設置廣告裝飾燈。這種裝飾燈在當時十分罕見，公司非常重視，將它視為重點工程。公司選拔了十五名優秀的技工參加，幸之助便是其中之一。當時幸之助十八歲。

去濱寺公園有電車，但班次很少，那時的都市人流量不太大，但真正要辦事的一時又坐不上車。幸之助由此想起五代先生的預見，他說：「有了電車，還得有腳踏車，就像古代有了木車，還得有轎子一樣。」

工程組沒辦法坐電車通勤，錯過一趟，就要再等好久。可大家又沒有腳踏車，於是經由公司批准，住在公司旁邊的旅館裡。大家都不曾集體住宿工作，非常開心，晚上又唱又跳，或聊天，或下棋。

白天，大家全力以赴投入工程。兩週後，工程如期完成。裝飾燈首次採用明滅控制裝置，這在當時是高難度、複雜的技術，大家如臨大敵地對待它。

試燈那天，公司和每日新聞社的負責人都趕到了現場，在海風及海濤聲中，美麗的裝飾燈忽明忽暗，如同神話一般，眾人高呼「萬歲」。

工作的喜悅，只有工作的人才能真切體會到——這是松下幸之助當時最深刻的感受。在電燈公司，幸之助參與的重要工程數不勝數。他不像一些頭腦簡單、四肢發達的技工，除了工作賺錢外，心無二想。

松下幸之助遇事喜歡思考，思考的範圍有時跟所做的工作毫不相關。

幸之助去田中四郎家裝綵燈，田中是個有名的畫師，他的

畫比其他畫師要昂貴許多，還不容易買到。幸之助帶實習生裝燈，田中一直陪著，口中不停地誇獎幸之助：「你真了不起，年紀這麼輕，就能夠掌握電的知識！」

幸之助被誇得有些飄飄然，但一想：「我有什麼了不起？其實很簡單。你畫得那麼好才真的不簡單，畫什麼像什麼。將來電機普及，人們就不會把電機工看得這麼神了，就像最先騎腳踏車的人，人們像看偉人一樣看他。現在騎車的人變多了，人們連看的閒情都沒有了。」

這種想法多了，促使幸之助不再滿足於只做一名電機技工。

在八木與三郎的住宅工地，幸之助為其工程的浩大而驚嘆不已：住宅及庭院占地幾乎相當於一個運動場，幸之助帶領一個工程組包攬住宅的電機工程，領略了何謂大家氣派。

八木總是說：「慢慢做，仔細點，慢工才能出細活！」他絲毫不計較工程的人事成本。

一家人住這麼大的地方幹嘛？幸之助覺得不可思議：「我家還沒有這裡的醬菜房大，住人都綽綽有餘，他家是錢多得沒地方用，還是確實需要這麼大的房屋和地盤呢？真是怪哉！」

沒錢的人不能用自己的立場去為有錢的人設想——這是幸之助最初的結論。這一想法後來又延伸到他的經營思想中，即「不同的人有不同的需求」。

淺野總一郎的建築更是令人嘆為觀止。無論外表或內裝

修，都像一座宮殿，堪稱日本建築藝術的精品，可在當時，因其豪華奢侈，引起眾多人士的批評。

幸之助正帶一組技工鋪設那裡複雜的電路，幸之助感到自豪：我參與了這幢著名建築的建設，現在雖然有人攻擊，但以後人們會讚美它，還會說淺野是位了不起的人物，他留下了不朽的東西。

這股批評的浪潮，在建築大功告成後便煙消雲散。淺野在這裡招待的外國客人都很欣賞這幢宏偉建築。這幢建築不單屬於淺野，同時還屬於日本。

松下幸之助在半個多世紀後回憶這幢建築時說：「置身其中，會激發世上的人都必須成功立業。」

松下幸之助有「胡思亂想」的毛病，正是從當電機工時開始的，很多想法跟電機工無關，這種「毛病」其實是一種可貴的特質，這使得未來的幸之助成為一個不簡單的商人，成為具備獨特經營思想的一代企業菁英。

幸之助認定電機是個極具發展前景的行業。運用範圍不斷擴展。一年後出的東西，是一年前無論如何也想像不到的。

幸之助力求在技術上精益求精，雖然他是公司同行中的佼佼者，卻絲毫不敢鬆懈，一旦疏忽，就會被日新月異的電機行業淘汰。

幸之助住在同事金山家，從十六歲一直住到二十歲結婚時

才離開，每月食宿費七八元。金山是個很隨和的大哥哥，其妻待人熱情周到。幸之助覺得自己就像住在自己家裡。

寄宿在金山家的，還有一位叫蘆田的同事。蘆田和幸之助同年生，畢業於高等小學校，這在同輩人裡是了不起的學歷。但蘆田卻不滿足，每晚去關西商工學校繼續深造。

蘆田的理想是成為電機工程師，他在公司裡很受重視，是個前途無量的青年。蘆田與幸之助很合得來，兩人常在一起聊天。

蘆田當時竭力勸幸之助也去讀商科夜校，幸之助再三猶豫，始終無法下定決心。他當時「要發跡」的野心，還只是日後做一名出色的電工技師。他對手工實踐的興趣大於對理論的追求。他認定自己不是讀書的料，對具體操作卻情有獨鍾。

對於蘆田的求知好學，幸之助只有羨慕之心，而不想去做。

有一次，金山的妻子請蘆田寫一張「注意事項」，內容大意是節約用水，保持清潔，然後貼在水龍頭旁邊。

蘆田的字龍飛鳳舞，遒勁有力。看過的人都稱讚說：「蘆田的字，比大學生寫的字還漂亮。」

這件事帶給幸之助很大的刺激。他日思夜想，終於決定讀夜校。

其實，幸之助心裡也明白，讀夜校未必就能寫好字。

可當時的電機工都以求知為新潮，認為沒有電機知識是不行的，幸之助想起一個很實際的例子，自己只會這樣那樣地接線裝開關，聽到客戶的誇獎就得意忘形，可客戶一問起其中的原理，便茫然不知，呆若木雞。

一九一三年四月，十九歲的幸之助報名進了關西商工學校夜校部預科。預科有五百多名學生，大多都是新興行業的產業工人，每晚六點半至九點半上課。

幸之助下午五點下班。匆匆趕回金山家吃飯，又匆匆趕往商業夜校。時間緊，路又遠，擠過電車便要跑步才能趕到。

忙碌了一年，總算拿到了預科文憑。同一屆有三百七十幾人拿到畢業文憑。幸之助的成績屬中等偏上。這個成績打消了幸之助的自卑感，不過他仍不認為自己能在求學的道路上出人頭地——正如父親松下正楠預言的那樣。

幸之助進了大學的電機科，這跟他從事的職業密切相關，不像預科，什麼都只學一點。

入學以後，幸之助遇到了一個很大的麻煩，他不會做筆記。他的基礎使他的接受能力無法達到一聽就懂的程度。電機原理的課程本來就很深奧。如果不做筆記，就無法溫習功課，所以，他很難理解老師講的課。

幸之助知難而退，中途輟學。他當時為自己的懦弱行為找了一條冠冕堂皇的理由，父親曾告誡他：只要做成大生意，你就

可以僱用有學問的人來替你服務，而不在乎你有多少知識。

　　但幸之助始終認為：「書本知識對一個人來說是很重要的。」他同時又認為：「一個人要有自知之明，要善於揚長避短，朝適宜自己的方向發展。」

　　幸之助從求學的競爭中敗下陣來，迫使他在實際工作中與同事爭個高低。

　　當時，電影開始在日本的大都市普及，引起市民極大的興趣，與電有關的事物層出不窮，因此更加堅定了幸之助在電機行業施展才能的信心。「好好做呀！」幸之助常常用這句話勉勵自己。

　　電影的出現，使古老的歌舞伎一度蕭條。當時的舊式劇場競相改造成西式戲院──既可放映電影，又適合西式或日式歌舞戲劇表演。大阪的蘆邊劇場就是其中之一。

　　電燈公司負責很多劇場改建的電機工程部分。這項工程都事先進行了周密的工程設計：戶外有廣告裝飾燈，大廳配有玲瓏剔透的藝術燈具，舞台則配備了各種功能的照明燈，機房還配有複雜的電路開關板。

　　電燈公司把這項工程視為大戰役來完成，派出主任技師松阪當監督員；組織了三個工程組進行施工，全都是技術高超的、精明幹練的技工。幸之助是三個工程組的總管，可見他深得公司的器重。

這一年，他才二十歲。

整個工期是六個月，電機工程與建築工程同步進行，電線經常要穿過牆體，需要通知建築工預留管線，否則牆體粉飾好再打洞，不但麻煩，而且後補的粉飾與原來的怎麼做都無法一樣。還有，管線必須利用建築工的鷹架，如果鷹架拆了再裝線，那會費工費時。因此，兩項工程的協調工作就顯得非常重要。

建築工與電機工似乎是兩個世界的人，建築工幾乎沒讀過什麼書，並且十分粗魯，加之電機工一貫心高氣傲，常惹得建築工反感。所以在施工時，建築工會故意刁難，態度蠻橫不講理。

相比之下，有小知識分子之稱的電機工，顯得書生氣十足，在爭執中，根本不是建築工的對手。

最讓幸之助感到吃力的就是協調工作。他從小就不是口齒伶俐的人，加上外表柔弱，性格又懦弱，見到人高馬大、一臉凶相的建築工就心驚膽跳。可他是總管，又不得不出面解決充滿火藥味的各種糾紛。

幸好，建築工頭是個通情達理之人，幸之助畢恭畢敬，向他陳述自己的種種難處和弱點。幸之助的坦誠感化了他，他主動配合幸之助協調雙方的進度與爭執。幸之助漸漸發現，外表野蠻的建築工，其實心地不壞。

幸之助在這裡上了處理人際關係的第一課。這對他未來的經營有著很好的啟迪作用。由於最初的協調工作未做好，工程未

能如期完成，不得不把試燈的日期後延兩三天。

劇場老闆時時來催問：「到時候燈會亮嗎？」

幸之助總是以肯定的語氣答覆說：「會的，請放心！」

其實他心中也不是十分確定，畢竟是第一次接觸這麼浩大而複雜的工程。

時值十二月，寒風刺骨。未完成的線路正好在戶外，又要夜間加班，人站在高高的鷹架上，真是不勝其寒。工人已連續加班加點，個個筋疲力盡，雙眼通紅，再這麼下去，人非垮掉不可。

幸之助召集工人訓話，大意是：「這個劇場是要放電影的，大阪有好多人都等著看電影呢！到時候放電影沒有電，大阪市民就會罵我們沒本事，還會罵我們電燈公司！大家明白了沒有？」

幸之助結結巴巴地講完這席話，滿臉通紅，他覺得自己表達能力不好，但這番話卻包含了很實在的內容。

工人一時精神大振，士氣高昂，連續三天三夜沒有睡覺，拚命趕工。終於試燈成功，劇場如期開業。透過這件事，幸之助感覺到精神鼓舞的重要性。在日後的經營中，訓話成為其中一項重要內容。

在開夜車之時，風寒加疲勞，身體一向虛弱的幸之助得了

重感冒。他硬撐著工作，直到工程結束後，他的病情也開始惡化，轉為肺炎。幸之助沒有告假養病，因為請病假是要扣薪水的，他經濟上無法承受，只好忍著病痛堅持上班，好在之後慢慢地痊癒了。

下一個工程是新建的南方演舞場。這是一幢宏偉的宮殿式建築，設計與施工堪稱超一流水準。演舞場的電機工程自然由電燈公司承包，工程由公司的前輩技師前家全權負責，幸之助當他的助理。電機工程比蘆邊劇場還豪華，由於有蘆邊劇場的施工經驗，工程進展更順利了。

這個演舞場，是南方藝伎專用的排練兼公演的地方，因此，是藝伎界的一件大事。臨近落成日，前來參觀的藝伎絡繹不絕。她們一個個打扮得花枝招展，爭妍鬥豔，裊裊婷婷走來走去，瀰漫開一陣又一陣芬芳。

幸之助哪裡見過這種場面，他彷彿置身於傳說中的皇帝後宮。幸之助不敢正視她們，她們卻偏要對幸之助媚眼流波。幸之助的外貌其實不算特別好看，全是因為當時電機工地位特殊，更何況，年少的幸之助還是電機工的領導人。

藝伎們圍著幸之助問這問那，燈是什麼顏色；怎樣開燈關燈；用電時會不會被電電死……還有不少問題是關於幸之助本人的：哪裡人；有幾個兄弟姐妹；在哪學的手藝；一個月薪水多少等。

幸之助天生害羞，從未有過跟女孩接觸的經驗，更何況這

都是嬌豔而風流的藝伎。幸之助舌頭打結，不知怎麼回答，臉紅得像塗抹了胭脂，羞澀難當。幸之助越是這樣，藝伎們越是「嘰嘰喳喳」地取笑他，鶯語浪笑在大廳裡陣陣蕩漾。

幸之助在腳踏車店時的同事來看他，見幸之助被美女簇擁，很是羨慕，便對他說：「幸之助，你真幸福！」幸之助想想，還真覺得是這麼回事。

工程結束後，演舞場舉行了盛大的開業慶典演出。幸之助有緣目睹演出的盛況。他是按照協議，由公司派去當演舞場的電機管理員，總共三週，三週內教會演舞場的電機工管理電機，最後辦交接。

這是一份美差，別的不說，能夠免費看到各地藝伎的演出。這是關西最高級的演舞場，票價之昂貴，一般工人是不敢問津的。

幸之助白天在公司上班，晚上五點到十點就待在演舞場。演舞場的人士很看重幸之助，稱他為「電機先生」。電機先生每晚都能品嘗到美味可口的消夜。如果客滿，還能得到一份客滿紅包。

當時日本最著名的藝伎八千代也被請到演舞場演出。對藝伎十分陌生的幸之助，卻非常熟悉八千代的大名——她是一位被神話的女人。

幸之助第一次在很近的距離看到她，便覺得她美麗的外

表、高雅的氣質、迷人的聲音，完全配得起她的聲譽。公司的同事得知幸之助親睹八千代的芳顏，很是羨慕。幸之助自己也覺得十分榮幸。

在八千代演出的日子裡，場場爆滿，票價遠比平常貴。場主給八千代很豐厚的紅包，八千代從不自己獨享，會拿出相當一部分來獎賞伴奏伴舞之類的相關人員。

令幸之助吃驚的是，他也得了一份，還是八千代親手給他的，並說了一番「燈光真美妙，萬分感謝」之類的話。幸之助真是受寵若驚。

在後來的日子裡，幸之助經常回味在演舞場當電機先生的得意時光。也許是家庭及人生經歷的變故頻繁，幸之助不由得往壞處設想：有朝一日，什麼都用上電，人人都知曉電機常識，電機工還有這般榮耀嗎？

幸之助暗暗憂慮起來……

艱辛創業之路

　　經營者除了具備學識、品德外，還要全心投入，隨時反省，才能領悟經營要訣，結出美好的果實。

——松下幸之助

創偉業的雄心

松下幸之助在大阪電燈公司的歲月，讓他最悲痛的事是母親的去世。母親在父親去世後，遷回和歌山居住，一直帶著未出嫁的女兒過著清貧的日子。

母親是個傳統觀念濃厚的婦女，她沒父親那份「野心」，也不會向兒子講那麼多安身立命的大道理，她只是默默地把愛無私地給予她眾多的子女。

幸之助回去奔喪，見到幾位姐姐，為自己未盡孝道而內疚萬分。這種心情隨著年齡的成長和事業的成功而越加沉重，他現在有條件讓飽受磨難的雙親享享清福，報答雙親的養育之恩，可父母卻未能看到這一天。

幸之助回大阪後不久，嫁給龜山的姐姐說：「家裡無人祭祖，當地習俗是成家的男性後代才有資格祭祖，你得趕緊成家。」

當時幸之助正在讀關西商工夜校，一天到晚忙得不可開交，便說：「還早，還早。」、「我實在抽不出時間。」、「現在新式工人不比老式工匠和農民，十幾歲就結婚。」他每次都以種種理由推辭掉。

那時的日本人普遍早婚。幸之助把婚姻大事看得很淡，一方面是他沉迷於學藝；另一方面是他體質羸弱，儘管他正值青春期，卻不像其他年輕同事那樣對女人敏感且好奇，談起這類話題

時眉飛色舞。

待幸之助在西工夜校輟學，姐姐重提結婚成家之事，說這還是母親生前的意願，幸之助是家裡的獨根，母親早就盼望抱孫子。幸之助輟學以後，突然覺得晚上無所事事，萌生出一股莫名其妙的寂寞感，心裡想：「好，就由姐姐為自己張羅吧！」

別看幸之助從來不把婚姻大事放在心上，可真正認真起來，他還滿挑剔的。

姐姐讓幸之助看了不少女孩的照片，他都不怎麼滿意，也說不上她們哪裡不好。當然，也有女孩看不上幸之助的時候。那時候電機行業的員工很吃香，所以他也不怎麼緊張。

幸之助二十一歲那年，姐姐興沖沖地趕到幸之助住的地方，對他說：「九條開煤炭行的平岡先生要介紹一位女孩，你覺得怎麼樣？聽說是淡路人，高等小學畢業之後，又讀裁縫學校，畢業後到大阪的世家見習做製衣傭人。無論如何，先相親看看。你願意的話，我馬上跟平岡先生聯繫。」

姐姐的口氣似乎很肯定，讓幸之助非去不可，好像錯過這個村就沒這間店。也難怪，此人畢業於高等小學校，又是世家的傭人。這兩點，和普通人家出身的女孩相比，都是不尋常的。

幸之助答應相親，卻為了穿什麼衣服而傷了一番腦筋。最後花了日幣五點二元，趕製了一套禮服。

相親地點在松島八千代劇場正對面的廣告牌下。晚上七

點，幸之助由姐姐、姐夫陪同按時趕到那裡。時值五月，溫暖的海風夾雜著花的馨香徐徐吹來，夕陽西沉，緋紅色的夜空漸漸變成瓦藍。這是個充滿浪漫情調的暮春之夜，可當時的幸之助一點也沒感覺到浪漫，心裡非常緊張。

幸之助一邊看廣告牌，一邊看千代崎橋的方向，女孩服務的東家就在那個方向。他反反覆覆做這兩個動作，不知道今晚上演什麼劇目，只知道行人很多，大概有什麼名伎登台吧！

等了許久，姐姐有些不耐煩：「怎麼還不來呢？」焦急地跨起腳東張西望。

這時候姐夫道：「來了！來了！」

其實女孩已來了一會兒，躲在人群後面，不好意思露臉。

廣告牌下還站有好些閒人，他們一見這情景，就笑著輕聲議論：「咦，咦，是相親的，是相親的。」

幸之助一聽，羞得滿臉通紅，心裡「咚咚」地跳個不停，暗想：「真害羞啊！」趕忙把頭低下。稍稍鎮靜後，怯生生地偷看一眼，女孩已站到了廣告牌附近。

這時，姐夫拍著幸之助的肩：「幸之助，看啊！看啊！趕快看啊！」

幸之助鼓起勇氣抬頭再看，已經太晚了，女孩正側著身子向著廣告牌，而且微微低著頭，大概也非常害羞吧！幸之助只

能看到她的背影，又不敢走近看個明白，真是尷尬！

正當幸之助猶豫不決時，女孩低著頭走開了，接著逃跑似的，越走越快。幸之助在心裡叫道：「哎呀，糟糕！怎麼就走了呢？」

事後，幸之助想，女孩大概也什麼都沒看清楚，就難為情地跑開了。姐姐問他：「幸之助，你看這女孩怎麼樣啊？」

幸之助直發愣，無法回答好與不好。

姐夫說：「我看不錯，好，就這麼決定了。」

幸之助想：「姐夫年齡大，又老練，他說不錯，興許就不錯。」

這一年的九月四日，松下幸之助與井植梅乃舉行了婚禮。跟現在婚禮的奢侈排場相比，實在是太簡單了。婚禮花了六十幾元，其中有三十元還是借來的。這對當時的松下幸之助來說，已經很不簡單了。

那時的年輕人，不興戀愛風氣。梅乃的家世，還是婚後才慢慢了解的。她的老家在兵庫縣津名郡淡路島，父親名叫井植清太郎。井植家族世代務農，到清太郎這一代，社會發生劇變。

清太郎跟幸之助的父親正楠一樣，不再安心務農。清太郎購置了一艘名叫「清光丸」的船，做起了海上販運，去過最遠的地方是朝鮮。

井植家與松下家一樣，都是八個兄弟姐妹。不過井植家是五姐妹在前，三兄弟在後，梅乃在五姐妹中排行老二。

清太郎跑海上運輸賺了一些錢，加上他接受了新思想，所以盡可能讓子女上學。梅乃比幸之助小兩歲，結婚時十九歲。婚後不久，梅乃的父親就病逝了，井植家漸漸衰敗。

梅乃溫存賢淑，相貌也還不錯，加之高小畢業，在東家見過大場面，舉止神態算得上得體大方。幸之助對妻子還挺滿意的。

成了家就會產生一份責任感，人也會變得成熟一點。幸之助體質孱弱，常常患病。身體不好的人很容易多愁善感。幸之助一直有胡思亂想的毛病，自然與他的身體有關。

婚後的幸之助，身體跟婚前一樣糟，但他的思緒卻不像婚前那麼漫無邊際，漂浮不定。

他老是在思考這個問題：「我非得做個成家立業的人不可。」立業的意念常常浮現在心頭。

不過，那時的幸之助，對如何立業，心底仍是一片模糊。可他本人在電燈公司一帆風順，升級加薪之快，連自己都覺得吃驚。婚後第二年，二十二歲的幸之助被提拔為檢查員。這是公司技工夢寐以求的職位，而幸之助還是所有檢查員中年紀最輕的一位。

檢查員的工作是：前往客戶家檢查前一天技工完成的工作，

一天大約要查十五至二十家。這是個責任很重的工作。但幸之助輕車熟路。公司的技工都是他的老同事和老部下，他對每個技工的技術和責任心瞭如指掌。

幸之助對待工作兢兢業業，從不遲到、早退。有一次，他騎著腳踏車上班，為了趕時間，他騎得非常快，結果為了躲避一輛迎面開來的汽車，幸之助撞到了牆上。他放在箱裡的材料都散亂在馬路上，腳踏車也被撞得七扭八歪。周圍一大堆人站在那裡看。他心想：「這下完了。」但還是試著慢慢站起來，咦！真奇怪，居然只受一點皮肉之傷，簡直不可思議！幸之助暗自慶幸。

在升遷為檢查員之前，幸之助就開始了電燈插座的改良設計。他完全利用業餘時間來進行，他喜歡手工方面的設計與創造；同時，幸之助覺得公司對他不錯，他應該對公司做一點貢獻。

經過上百個不眠之夜，終於做成了一個試驗品，幸之助打算先讓主任鑑定，請他提出改進意見；再請公司納入研究計畫，最後把現有的插座都改成這種新型產品。

第二天，幸之助充滿自信地對主任說：「有一樣東西，是我一手設計出來的，請主任看一看，是一樣非常美妙的新東西！」

主任瞥一眼得意揚揚的幸之助，饒有興致地說道：「很好！很好！可到底是什麼東西呀？快拿出來讓我見識見識。」

主任把插座放在手心端詳，又看著幸之助期待的眼神，幸

之助開始如數家珍，介紹新型插座的種種優點，心想：這麼好的東西，主任是不會拒絕的，肯定會大大誇獎我一番。

沒想到主任迎頭潑來一桶冷水：「松下啊，這東西不行，完全沒有希望。你的設計思路不對，製作也有問題，根本就不該拿出來嘛！」

聽完主任的一席話，幸之助從頭涼到腳底，不知說什麼才好。良久，幸之助膽怯地問了一聲：「主任，真的不行嗎？」

「真的不行，你還要多下工夫啊！」主任拍著幸之助的肩膀，勉勵道。

幸之助離開主任的辦公室，淚水在眼眶裡打轉轉。期望越高，失落也就越大，主任的話無疑判了幸之助「革新」的死刑。也許主任是對的，但他接受不了這種事實，他從小就愛哭，這時候鼻子一酸，淚水簌簌而下，不覺哭出聲來。

經過這次打擊，幸之助有些心灰意冷。檢查員的工作很輕鬆，晚上完全有精力做點別的事。幸之助卻完全放縱自己，躺在榻榻米上，把枕頭墊得高高的。

梅乃問他是不是又生病了，她知道丈夫的身體素來不好。

幸之助說道：「沒有，沒有。」說沒有，卻還是有。幸之助覺得身體一天比一天虛弱，一天比一天消瘦。這是怎麼回事？試做插頭的那陣子，白天夠忙了，晚上又睡眠不足，人還精神抖擻。現在養尊處優，竟還會養出毛病來？

幸之助去看了醫師，果真生病了，病得還不輕，又是肺炎！

醫師開了一些藥，囑咐道：「你需要好好靜養。」

不知道是肺炎還好些，一旦知道，咳嗽、盜汗、氣虛，什麼症狀都跑出來了，幸之助萌生出一種絕望的感覺。人在疾病的折磨中，什麼奇怪的念頭都會冒出來，他覺得自己隨時都會死去。

幸之助的父母都不長壽，他的身體比父母更差，能活到今日，已算是蒼天保佑了。想起梅乃，幸之助暗想：「我若死了，梅乃就要守寡，我不能死，要好好活著，讓梅乃有朝一日過上富貴日子。」

都說成家之人，就會多出一份責任，真是千古名言啊！

那些日子，幸之助下班後的第一件事，就是躺著靜養。梅乃則在旁邊照顧他。

也真是件怪事，人一有了活下去的念頭，病情就會好轉許多。他想：「我真該做點什麼？」於是，就把被主任「槍斃」的插座拿在手上思索，重新改進。

梅乃擔憂地勸道：「醫師要你靜養。」

幸之助說：「還要靜養？我的病就是靜養出來的。」

梅乃見他精神狀態已經大好，也就由著他去。

幸之助在電燈公司當檢查員的工作並未做多久。也許是正楠不安分的基因傳給了他，他還沒做滿兩個月，就對這份人人羨慕的工作不滿意了。

檢查員的工作實在是太輕鬆了。原本，技工完成工程試電成功，去檢查完全是例行公事，如果腿勤一點，不用半天就能轉完了。幸之助不是提前回公司聊天，就是上街東遊西逛，後來就覺得索然無味。

「真是無聊啊！」幸之助想，「我這是在浪費光陰啊！父親口口聲聲教誨我要發跡，其實他自己何嘗不想發跡，是他壽祿有限，來不及成功就離世了。而我，卻在這裡虛度年華！」

「要是這些閒散的時間是自己的就好了！」想到這一點，幸之助的心智彷彿透進一束陽光，他越想越清晰。對！把工作辭掉，別說時間是自己的，什麼都是自己的！我自己來製造插座，還要製造別的電機器具！

幸之助的病情還未痊癒，但他全然拋到腦後。他抱著賭氣的心理下這番決心：「主任說我的插座不行，我偏要試試，看看是他的錯，還是我的錯！」

幸之助把想法告訴妻子，梅乃大吃一驚，憂心忡忡：「可以別辭職嗎？你明明做得好好的。」

幸之助對妻子解釋道：「父親生前常對我說：『要想發跡，唯一的出路，就是做生意。』父親的話是肺腑之言，我在公司裡再

有出息，都不是為了自己。我決心已定，義無反顧，父親會保佑我的。」

話是這麼說，可心底還是猶豫了好些天。幸之助設想後路：「萬一不成，就回電燈公司。像我這樣頂尖技術的電機工，公司還是歡迎的。」

一九一七年六月十五日，幸之助把辭職書呈交主任，主任很不解：「松下，我不是要強留你。但你今年開春才提升當檢查員，現在離開不是太可惜了嗎？公司這麼器重你，你前途無量呀！幹嘛辭職呢？想製造插座嗎？你可得慎重考慮啊！我不是在潑你冷水，但坦白說，我認為你這樣是行不通的，你可得三思而後行啊！」

主任很誠懇地說完這番話。

這一瞬間，幸之助動搖了，覺得這個辭職的決定確實太冒失。他一時無話可說，心裡又把多天以來的想法重溫一遍。終於，幸之助用堅決的口氣說：「謝謝主任的關心，可我已經下定決心，還是讓我辭職吧！」

當月三十日，幸之助辭去了令人羨慕的職位，離開了服務七年的、正在蓬勃發展的電燈公司。許多同事大惑不解，覺得幸之助腦子壞了。

幸之助的小舅子，曾任三洋電機株式會社社長的井植薰，如此評價松下幸之助當時的行為：

在常人看來，電燈公司的檢查員是穩定的鐵飯碗，而松下幸之助卻覺得這是寄人籬下，壓抑了自己的能力。這種思想，實際上已經奠定了松下幸之助創建偉大事業的基礎。

幸之助辭別了電燈公司，開始製造電燈插座。

可是這時候他身邊的資本，只有服務七年的退職慰勞金，四十天的薪水，以當時日薪八十三分計算，合計是三十三點元，加上退休準備金四十元，總計是七十五點二元。再加上儲蓄二十元，總共不到一百元，這麼點錢能做什麼？ 買一台機器或做一個模子，少說也要一百元。

平心而論，的確不可能成功。這樣做未免太輕率了，可是當時的他卻不這樣想，反而精神抖擻，覺得前途充滿希望與光明。

幸之助把自己的計畫告訴了以前的同事林。林已經辭職，轉到電業商會當工人。幸之助請他幫忙，林和他非常要好，立刻答應了。

另外一位同事森田聽到了消息說：「我也想做點事，讓我加入，好嗎？」

幸之助表示歡迎，立刻請他過來。小舅子井植歲男剛從鄉下的小學畢業，也叫他來幫忙。後來，井植歲男在第二次世界大戰後自創三洋電機公司，在錄影機的開發上，與松下幸之助展開激烈競爭。

人手是差不多了，可是，到哪裡買材料？ 買多少？ 要怎麼製造……

幸之助毫無概念，每一樣都得從頭做起。尤其是成品主體的合成物的製法，他們完全不懂，只知道成分大概是柏油、石棉、石粉罷了，連實際的調和法都不知道。

在當時，這種合成物的製造屬於新興產業，各工廠都把它當作機密。因此，來參與這項事業的兩個人，可以說魯莽；而請他們參加的幸之助，更是魯莽。

「此路不通」是一看就明白的，可是，三個人都不那麼想。

他們開始研究主體合成物的製造方法，同時也調查原料的價格等等。簡單的鐵器要自己做，他們發了瘋似地拚命工作。資本只有一百元，光是拆開地板就要花上一二十元，幸之助都採取自己動手做的方法。

工廠設在他住的平房裡，只有一個一間和一個兩間多點的房子，把兩間多的一半房子地板拆開來當工廠，晚上就沒有地方睡覺了。不得已，只好把那一間的當作寢室，裡面簡直是亂七八糟。

無論如何，一百元是絕對不夠的。森田有個朋友叫 S，在一家防水布工廠當學徒，因為為人勤儉，慢慢儲蓄，到了二十幾歲，已有將近兩百元。他們聽到消息，立刻跑去拜託這位 S，希望借一百元周轉。

在森田和幸之助的遊說之下，S 終於答應借錢。S 是個了不起的人，後來事業也很成功，可惜英年早逝。

就這樣，在樣樣欠缺、手忙腳亂中，他們進行了製造的工作。苦心製作卻無法銷售，合成物的調和始終做不好。這件事使他們感到很頭痛。他們做了很多實驗，也到製造工廠附近的地上撿了一些報廢品回來研究，但都不成功。

就在不知如何是好的時候，他們聽到以前電燈公司的 T 也在研究這個問題。幸之助和林一起去請教，他很快就答應為他們講解。

據 T 說，他一辭去公司的工作，立刻著手製造。可是做來做去都做不好，他的事業很不順利，正在待業中。幸之助和林一找到他，他就把自己的研究方法都告訴他們，他們這才知道了調和法，和他們所研究的整體上很相似，只差一點點訣竅。

了解主體的調和法後，再把金屬部分做好，這樣就可以生產了，大家更加努力。總算在一九一七年十月中旬做出成品。雖然數量不多，可是意義深遠，這代表他們終於成功了。

「做出來了，趕快拿去賣吧！」幹勁十足的森田，立刻帶了一些成品出去兜售。

可是，要去哪裡賣呢？他們並不認識批發商，也不知道行情價。只好叫森田先到電器企業，把樣品拿給對方看，先說出己方估計的價格，聽聽對方的意見後再做決定。

幸之助從來沒有這麼緊張過。能賣得出去嗎？ 會不會森田回來說一聲「完了！根本就沒人要」呢？ 也只好等了。

森田直到傍晚才回來。他報告說：「還沒遇到過這麼棘手的事情，實在是很吃力。有一家電器企業讓我等了好久，叫我下次再來。樣品連看都不看一眼；另外一家，把樣品拿在手裡，接二連三地問我：『你們是什麼時候開始從事電器企業的？ 除了插座以外，還有什麼東西？』都問些意料之外的問題，叫我不知怎樣回答才好；有一個店員對我說：『你們還是新開的店吧？ 像這樣的新插座恐怕賣不出去。不過，如果你們做的是電器用具的話，以後我們可以向你們訂購一些。』」

聽完了森田的報告，本來就很緊張的幸之助受到了很大打擊。心想，這個困難不小啊！

一連十幾天，森田每天跑大阪市，好不容易賣掉大約一百個，收到不足十元的現金。

綜合各方面的意見，結論是：這種插座無法使用。顯然，改良製造勢在必行，一定要做出有市場性的東西不可。可是，要再改良製造，先撇開資金不足的問題，首先要解決的還有基本溫飽問題。這下子，連森田和林都開始擔心了。

從七月至十月，整整四個月的時間，收入卻不足十元，當然令人不安。

森田和林終於開口說：「松下，你打算怎麼樣呢？ 撐得下去

嗎？ 資金怎麼辦？ 我們是好朋友，不會跟你計較薪水，可是你有困難我們也很不安。所以，我看還是到此告一個段落，各自去找工作求生存比較好。」

這讓幸之助相當為難，他覺得他們說得很有道理，照這樣下去一定行不通。然而，他卻不願意半途而廢。雖然幸之助感到很遺憾，並一再挽留，但是迫於生計，森田和林還是選擇離開了。

森田於十月底改到別處上班，林則回到以前的商會。往後，只剩下幸之助和歲男兩個人，一切都得從頭做起了。

幸之助有一種必勝的信念和成功的渴望，因此，無論如何也不願意放棄這個工作。可是，說也奇怪，他並不打算去做別的工作。在他的內心深處，似乎對這個工作的前途很有信心。雖然經濟狀況已到了山窮水盡的地步，幸之助卻繼續著產品的改良與製作。

產品打入東京市場

困難就這樣一直拖下去，年終快到了，因為沒有足夠的資金，改良工作也無法進行了。

在這種狀況下，進入一九一七年十二月之後，很意外地接到了某電器商會的通知：需要一千個電風扇底盤。電風扇底盤，本來由川北電器企業用陶器製作，因為容易破損才想改用合成

物。

他們說：「時間很緊，如果用在電風扇上的效果良好，每年兩三萬台的需求是很有可能的。」

為此，幸之助把製作插座的工作擱下來，開始著手製作電風扇底座。無論如何要全力以赴，在年底以前交貨。

改良插座不如意，幸之助為此大傷腦筋，正好就來了這個訂單，更慶幸的是，電風扇底盤不需要鐵器，單用合成物即可，不需要很多資金，當時對他來說，真是再好不過的事。為了要如期交貨，也為了拿更多訂單，一連七天，他一直都在模具工廠催趕製作。

模型做好了，透過試壓來檢驗，幸好沒問題，最後送五六個樣品給對方看。

他們說：「行了，請立即開始做。如果做得好，緊接著至少會訂四五千個。」

於是，松下幸之助和井植歲男兩個人全力以赴，拚命趕製。說是製作，其實設備很簡陋，僅有壓型機和煮鍋而已，工作起來相當辛苦。歲男當年還是個十五歲的孩子，個子又特別嬌小。因此，製作時，壓型全部由幸之助做，歲男負責磨亮或協助其他雜務。

這是第一筆生意，他們每天完成一百件，至十二月，終於把一千件的產品交清了。壓模的工作，幸之助是相當熟練的，所

以製作很快，成品也不錯。

對方很滿意地說：「做得這麼好，川北一定很高興，我們會再幫你介紹生意的。」

十二月底一千件交清，終於收到了一百六十元的現金。扣去模型費等本錢，大概淨賺了八十元。這就是松下幸之助自立門戶後第一次賺到的錢。

這種工作，只要材料，不需資金，如果能繼續做下去，多少可賺些錢，他在心中祈禱，希望川北他們能決定採用合成底盤。

等著等著，傳來很幸運的消息，他們說：「跟其他零件合起來，情況良好，所以要繼續訂做。」

這一回經過正式議價，生意總算談成。

年初，交第二批貨的數量是兩千件。這樣，第一年製造插座的計畫雖然失敗，卻在底盤的訂做上多少賺回了一點錢，這加強了幸之助繼續做生意的自信。

幸之助考慮搬到一個更適當的房子。他聽說在大開路一段有個月租金十六點五元的房子，於是決定要搬到那邊奮鬥一番。

一九一八年三月七日，松下幸之助終於搬家了。

這一年，第一次世界大戰結束了。戰爭及戰後帶動了製造業興旺，日本工業生產每年連續保持百分之三十的高速度成長，

馬達取代了蒸汽機，工廠動力電機化已達六成，電燈也從都市普及鄉村，全國已有近半數家庭使用，電扇、電熨斗等家電產品漸漸開發，電車、電信急速發展，日本已進入了電器時代。

大開路的房子，二樓有兩間，樓下有三間，前院可以建個小屋。幸之助搬來後，立刻把全部地板拆開，改成工廠，留下二樓作為宿舍。新房子比舊居大三倍，又在馬路旁，可以當作工廠，也可以說已經有個門面房了。

松下幸之助便以此地作為創業之家，成立「松下電器製作所」，開始了新事業。最先製作的除了風扇底盤之外，還製作一種電器改良的附屬插頭，這種附屬插頭是應用舊電燈泡的鐵帽製成的，在當時是最新型的，價格又比市價便宜了百分之三十，所以受到好評，市場非常暢銷。同時也把松下電器製作所的名聲打進電器界。

自從開始製作附屬插頭以後，歲男和松下夫婦三個人，每天加班至凌晨十二點，仍然無法應付訂單。幸之助只好僱用四五個工人一起拚命製作。

當時是由幸之助壓底盤，歲男一天製作原料，一天壓附屬插頭，男工壓附屬插頭，女工做組合，梅乃負責包裝。不論如何，產品有創意，價格又便宜，能暢銷是當然的。有時他們來不及送貨，客人也會自己上門來取。附屬插頭可以說是大功告成了。

當時的合成原料的製法，各工廠都把它列為機密。多半是請廠主的兄弟或近親負責現場。可見，當時的電機業界把它視為高級技術。

可幸之助卻不這麼想，他認為把製法當作機密技術的話，在製作過程中就得多費些心神，經營上未必順利。相反，他認為應該開放給其他人參觀，任何員工都可以在場。

所以，對於第一天進來的新員工，幸之助也把機密告訴他。這樣做，就比別家更實際地發揮了人的才能。

一位同業朋友警告他說：「松下，你那麼做是危險的。你把那麼重要的機密工作交給才第一天上班的人，等於把技術公開，形同製造了競爭的同業，你自己會受害的，應該要多多考慮啊！」

幸之助卻回答說：「我認為不必那麼擔心。只要先告訴他，那是必須保密的工作，就不至於像你擔心的那樣，把祕密泄露出去。員工間彼此信任，比什麼都重要。我不喜歡為了一個祕密，而做疑心重重的經營。不但會阻礙事業的進展，也不符合培養人才之道。我並不是胡亂開放，只要我認為這個人可以信任，就算他是今天才來，我也會讓他知道機密。」

那個人半信半疑地說：「會這麼順利嗎？」

松下幸之助就是以這種想法去經營的，所以，在用人上他比別家都還圓滿順利。在當時的製造業中，他是發展特別快的。

後來，松下幸之助還發明了「雙燈用插座」。

雙燈用插座當時由東京和京都的製造商製造，是公認的相當方便的器具，很暢銷。幸之助發現品質上還有改良餘地，所以做了種種改進，申請了專利，開始製作銷售。新產品比前面的附屬插頭獲得了更佳的口碑。

開始銷售後不久，大阪有一家批發商吉田來找幸之助：「松下，我對雙燈插座很感興趣，能不能讓我們總經銷呢？」他說大阪方面由他自己批發，東京方面交給跟他有密切關係的川商店批發。

幸之助想了想，覺得有道理，這個插座一開始銷售業績就很好，以現在的工廠設備，恐怕會供不應求。

於是他對吉田說：「我現在工廠的設備不夠，就是讓你總經銷，只怕製造量趕不上銷售量。如果你有意做總經銷，我打算把工廠設備擴大，以便增加生產量。所以，當作保證金也好，當作資金貸款也好，反正請你提供三千元給我。這筆錢用在擴充工廠設備方面。以後不論你銷多少都可以應付了。」

吉田一口答應說：「好吧，我就給你三千元作為保證金吧！」

談妥之後，幸之助收到了三千元。於是他馬上改善工廠設備，開始增加商品產量。

吉田商店也向社會公開發表：「松下電器的新產品雙燈插

座，由本店總經銷。」

東京的川商店也發表同樣聲明。於是月產從兩千個變成三千個，又從三千個變成五千個，過了四五個月，東京地區的製造商，突然以大減價來對付。銷售上立刻有了反應。

緊跟著，經銷商紛紛來跟吉田商店交涉減價的事。吉田面有難色地說道：「松下，糟糕了，銷售量顯著下降，東京那邊的製造商減價了，經銷商也跟著要求減價，現在怎麼辦呢？」

當時在總經銷合約書上注有吉田商店負責銷售量，所以吉田非常傷腦筋。

還沒聽完幸之助的意見，吉田就說：「無論如何，請讓我解除合約吧！看這種情形，恐怕無法銷售到約定的數目。我也沒有料到別家製造商會這樣子減價，這是當初預料不到的事情，我們沒有惡意。」

但是吉田交給幸之助的保證金已全部投入工廠的設備裡了，現在解除合約的話，幸之助也無法歸還保證金，於是他說：「雖然合約書上記載了負責銷售的數目，可是我不能強迫你，以後我再自己慢慢銷；至於保證金，要麻煩你等等，我會每月分期還的。」

終於，總經銷只銷了半期就不得不解約。如此一來，幸之助只好自己銷了。工廠已經擴大到月產五六千個的生產能力。幸之助對銷售前景很樂觀。

　　幸之助到大阪數家經銷店轉了一圈，把情形告訴他們。由於改為製造商直接批發，他們都表示歡迎。

　　也有人說：「松下，說起來是你不對。你製造了這麼好的東西，卻交給一家包銷，真是莫名其妙。要是直接批發，我們今天開始就買你的產品。」出乎意料，產品就這樣輕鬆地銷售出去了。

　　接著幸之助開始他的首次東京之行。

　　作為關東和關西地區的兩大都市，東京和大阪有很大的不同。早在幸之助前往東京之前，他就聽說了東京商人的一些事情。在東京，人們的門戶之見很深，就像世界上所有大都市的人都比較高傲一樣，東京人同樣帶著這種優越感，總是有點欺負外地人。

　　在東京商人眼中，商品都是東京的最好，外地商品次之。所以，凡是東京之外製造的商品，要想打入東京市場是難上加難。

　　不過，幸之助並沒有被這些嚇倒。他先轉了一圈，一直觀察東京商人。

　　他發現，東京人還是有優點的：那就是他們重情義。東京商人的精明，在於算計之外能洞察商情，這也代表他們獨特的眼光。只要你能坦誠相見，東京商界還是能夠接納你的。而且混熟了之後，這種情義會幫助你穩固自己的地盤，這種良好的合作關

係會持久而穩定。當然，前提是你提供的東西一定要是無可挑剔的。

　　掌握了通關祕訣之後，幸之助看到了在東京大展宏圖的希望。他首先找到了吉田總包銷時，在東京的業務關係店──川商店。川老闆面帶難色地說：「松下，實在是抱歉！競爭太激烈了，現在倉庫中還有很多庫存，恐怕目前很難再從您那裡進貨了。」

　　幸之助聽到他這麼說，連忙澄清：「老闆，您誤會了，這次我不再透過總經銷商進貨給您了，我會直接批發給你們，我保證，您賣我的插座，肯定比別的銷售商更賺錢。」和其他老闆一樣，川老闆很贊同這樣的合作，於是痛快地答應了。

　　松下幸之助在東京首戰告捷。

　　接著，幸之助帶上貨樣，以誠懇的態度耐心化解商家的疑惑，調整產銷雙方的利益分配，漸漸地，他們也被幸之助的誠意和物美價廉的商品打動了。

　　一位東京的零售商說：「以往都是東京的電器用品批發到外地去。從來沒有外地的電器商人敢在東京賣東西的。松下，你可算是頭一個來東京推銷的外地商人啊，了不起！」一席話說得幸之助心裡暖烘烘的。

　　就這樣，幸之助一掃自己產品在東京的銷售頹勢，迅速在東京建立起了良好、穩固的銷售關係。在回到大阪前，他又拿到

了不少的東京訂單。

之後，幸之助每月都要去一趟東京，聯絡感情和回收貨款。幸之助本人十分看重東京市場，在此設立了常駐東京的營業所，以鞏固並進一步發展關東地區的市場。

為此，幸之助派遣歲男擔任東京營業所的營業主任，常年負責東京暨關東地區的銷售業務。

在幸之助看來，如果自己的產品不能打進東京，那麼在大阪做得再有聲色，也不會有太大出息。畢竟，東京是松下電器製作所產品通向全國的必經之路。

競爭換來樂趣

幸之助的工廠搬到大開路不久，西邊隔壁兩間空房也有人搬來。

「他們是做什麼的？」抱著對鄰居身分的好奇，幸之助出門查看，發現他們和自己剛搬家時一樣，一搬來就撬地板。

「是開什麼廠的？」聽一名工人說，老闆家開的是電器廠。「這就奇怪啦！這樣巴掌大的地盤上，怎麼會並排開兩家電器廠呢？他們是製造什麼的呢？」

幸之助發現他們搬來的設備和工廠的規劃，與自己家的工廠相仿，看來也是製造合成物電器用具的。「怪哉！怪哉！大

阪的電器行裡，專營電器合成物用具的廠家很少，真是不是冤家不碰頭啊！」

等隔壁安頓妥當，幸之助到隔壁登門拜訪。老闆 K 曾做過合成物的研究，成功之後才開始創業的。

K 客氣地微笑道：「我搬來這裡之前，一直不知道同業的你也在這裡，真是有緣。我們是同行，又是鄰居，多多合作吧！」

這真是非常奇怪的心理，嘴裡都說合作合作，心裡卻多多提防，把對方當成競爭對手，意欲拚個你死我活，生怕在生意場上敗下陣來。

要收工了，隔壁卻還傳出機器的聲響。

幸之助說：「人家在拚命，我們怎可高枕無憂呢？」又帶著歲男、梅乃披星戴月地忙碌。隔壁一出門交貨，幸之助便心慌道：「又讓人家搶先了，這樣老牛拉破車可不行啊！」

松下幸之助回憶這件事時說道：「我當時目光短淺，把競技場看成所住的院子，把競爭對手當成 K 一人。其實，一個製售商，目光要看到全日本、全世界，而不是眼皮底下的某一人。不過，這種盲目競爭，對當時事業的發展大有好處，經營羽翼未豐的小工廠，真是鬆不得一口氣。」

K 被松下幸之助這位拚命三郎嚇到了，經營了一年就搬到泉尾去了。後來因為債台高築，逃得不知去向。

　　數年之後，K舊地重遊，見幸之助的事業如此發達，甚為羨慕。他知道幸之助是個拚命三郎，可他也賣命，事業卻如此失敗，只好感嘆命運不濟。

　　K向幸之助傾訴自己的不順，幸之助說：「像你那麼認真工作，仍然事業不成功，在我看來，是一件不可思議的事。我一向認為，事業雖有大小之別，可是，做多少，必定會成功多少。我認為生意是拼出來的，跟真劍決鬥一樣，絕不可能在生死存亡之間慢慢獲勝。你雖然也拼了命，但不能一拼到底，遇到不順，就怨天尤人。所以，你首先得摒棄那種世俗的、缺乏自信的觀念才行。」

　　K茅塞頓開，信心大振地走了。但後來K的事業還是未能成氣候。箇中原因是多方面的，但最重要一點，是信念不足。

　　幸之助不信命運，信自己。他不否認機遇對人的發展有很大作用，但更重要的是怎麼把握它。創業之初的幸之助，對機遇的認識是朦朧的：對好與不好、行與不行一片茫然。

　　當時，幸之助的小工廠小有成就，電燈公司的老同事都非常羨慕，他們常會來幸之助的家走走看看，討教一些創業經驗，希望幸之助提供一些建議，或想加盟幸之助的事業。A便是其中之一。以A的身分和出身，能屈尊與幸之助聯手，對幸之助而言，委實榮幸。

　　A出身富家，家底殷實，他自己從高等工業學校電機系畢

業，是個有學問又有工作經驗、前途無量的公司職員。A 雖然和幸之助在一家公司待過，但彼此不太熟悉。

一九一九年底，A 突然登門造訪，寒舍中的幸之助真有股蓬蓽生輝之感。A 道：「松下，我很欽佩你辭職的勇氣，也聽人說你的事業蒸蒸日上，早就想來看望你，今天就冒冒失失地來了。」

A 誠摯之至，幸之助分外感動。兩人促膝談心，就幸之助工廠的過去、現在及未來暢所欲言。

A 非常亢奮，大大褒獎了幸之助一番，說：「松下，依我愚見，與其你單槍匹馬依靠微薄的資金做生意，不如向外集資，成立實力雄厚的大公司。人賺錢，賺的是小錢；錢賺錢，賺的是大錢。為什麼兩個一樣聰明的人，一個因財力單薄只能做小事，而另一個財大氣粗者卻能做大事呢？」

A 的賺錢術說得幸之助十分心動，A 趁熱打鐵道：「你不用擔心資金的事。我的一些親戚都有相當的資產，五萬、十萬的資金，只要我開口，是很容易募集到的。你我過去交往不多，卻是志同道合的朋友，我也早已厭倦電燈公司的安逸，想跳出來謀發展。松下，讓我們聯手合作，組成公司，一道打天下，怎麼樣？」

幸之助「自立門戶，獨立創業」的信念發生動搖，A 言之有理，錢少做小事，錢多成大事。幸之助備嘗資金匱乏的苦楚，有

雄厚的資金做後盾，何樂不為？

幸之助在電燈公司時就有「胡思亂想」的毛病，這時心念一轉：「我當一個小工廠主，還算得上得心應手，現在要掌管一家大公司，吃得消嗎？」

於是，幸之助沒有馬上答覆 A，說容他想一想，四五天後去 A 家一趟。

這幾天，幸之助一直處在極度的矛盾之中：一會兒，把未來公司的前景描繪得宏偉壯麗，激動得心尖發顫；一會兒，又把前景設想得一片黯淡，公司破產，血本無歸。

直至走在去 A 家的路上，幸之助仍十分猶豫。野心勃勃的 A 見幸之助神情恍惚的樣子，又把公司的光輝前景繪聲繪色地描繪了一番。A 年輕美貌的妻子也在座，她洗耳恭聽，聽得如痴如醉，忘了侍奉客人，臉上透著興奮的紅光。

「當公司的董事，名聲好，有地位。」這對出身微賤的幸之助來說，具有相當的誘惑力。

面對著 A 的勸說，以及 A 妻子期待的目光，幸之助在對公司認識一片模糊的情況下，懵懵懂懂地答應了。

幸之助興高采烈，大搖大擺地回到家裡。這時他冷靜地一想，又疑問百出：「未來的公司該如何運作呢？A 出資多，他就是會長（編按：意即臺灣企業的董事長），我管生產銷售，他卻管到我，我與他合得來嗎？A 真的能募集到那麼多資金嗎？他

的能力、人品又如何？我對他的了解實在是太少了！」

「還是照原先的樣子，經營小工廠，慢慢發展，不要好高騖遠，到時沒飛起來，連走路也不會了。但正如古代聖賢所說：『一言既出，駟馬難追。』我松下幸之助堂堂男子漢大丈夫，能出爾反爾嗎？當時 A 的妻子也在座，我改口取消計畫，豈不成了貽笑於婦人的小人呀！」

幸之助恍恍惚惚，坐立不安。

第五天，幸之助決定上 A 家探個虛實。心想：「或許 A 是心血來潮，事後反悔與我合作，正期待我去解除協議呢！」

又想：「A 辭掉工作了嗎？這可要足夠的勇氣才行。」還想：「A 去了鄉下的親戚家籌錢嗎？說不定已經籌到八萬、十萬的。哎呀，生米煮成熟飯，我該怎麼辦才好？」

真是太出人意料了！幸之助見到的 A，竟是懸掛於靈堂的遺像！A 妻子一副哀容，一貫嬌豔緋紅的臉慘淡得如同一張白紙。

A 妻子說道：「夫君是意外病故，昨日才辦完喪事。夫君是在你離去的第二天染上了急性肺炎去世的。本想通知您，卻不知道您的地址，實在很抱歉。如果夫君健在，你們可聯手做一番大事業的……」

A 妻子說著說著，淚水潸然，泣不成聲。幸之助愣住了，不知該向 A 的遺像致哀，還是該安慰他妻子。幸之助腦中一片弄

白，只覺得事情太突然，太不可思議了。經此變故，合作開公司的事，自然是不了了之。

事後，幸之助才為 A 的不幸離世感到難過。從客觀的角度看，A 的猝亡，對幸之助是一種解脫。那時的幸之助，經驗太少，缺乏鑑別與把握機遇的能力。A 攜鉅款加盟，看似天賜時機，實則逆轉了幸之助發展的軌跡。A 會成為實質性的老闆，那麼，持股量偏少的幸之助必須對他言聽計從。這樣，幸之助就不可能按照自己的心願發展事業。

松下幸之助曾追憶道：

「現在想來，如果 A 健在，又共同成立公司的話，估計就沒有今天的松下電器了，這大概是天意吧！」

不幸中的萬幸，是老天幫助幸之助取消了合作。為此，幸之助日後經常反省，心理日臻成熟，審時度勢，處逆境而不亂，逢機遇而不惑。

松下電器最初才三個人，是道地的家庭作坊。人員少，又是自家人，因此就不存在人事管理問題。

據梅乃回憶，年輕時的松下幸之助有些神經質，他常常會莫名其妙地發火。梅乃說：「我那時差不多成了幸之助的出氣筒。」

梅乃的宗旨是：該讓則讓，不該讓則跟丈夫爭辯到底。

梅乃口齒伶俐，口拙的幸之助不是妻子的對手，幸之助說：
「我常常被梅乃弄得理屈詞窮。」

歲男面對姐夫、姐姐，他的信條是：罵不頂嘴，打不還手。
身為小舅子，他絲毫沒有受到幸之助的優待，幸之助像對待學徒
一樣嚴厲地要求他。

那時的家庭小作坊，忙得一塌糊塗，也「鬧」得一塌糊塗。
松下幸之助的事業就是在這種氛圍中起步，並且慢慢壯大的。員
工人數隨事業一起發展，至一九二〇年年初，幸之助的員工已有
二十幾人了。

這一時期，第一次世界大戰帶來的產業興旺達到頂峰，各
家工廠都在蓬勃發展，招兵買馬，勞力短缺。這二十幾名員工，
是幸之助費了九牛二虎之力才招募到的。

員工增加，結構發生變化，管理勢在必行。幸之助毫無管
理的自覺意識。最初，為了不耽誤生產，幸之助「籠絡」人心，
將合成物的製作方法告訴新員工。

可有的員工不感恩戴德，想跳槽，拍拍屁股就走。這使得
幸之助非常擔心，怕他們帶走機密。幸好，這樣的事沒有發生。

有段時期，產品訂單增加，員工反而減少了。幸之助不能
像使喚梅乃和歲男那樣，想加班就讓員工加班，昏天黑夜地做。

員工認為，工廠是老闆的，我們犯不著這樣賣命。要命的
是，一些實力雄厚的老闆，以高薪來吸引員工。人往高處走，誰

都懂這個道理。可小本經營的幸之助開不起高薪。

每天上班前，幸之助最憂慮的事，是昨天工作的人，今天還會來嗎？他會早早站在工廠門口恭候該來的人到齊，才鬆一口氣，心裡想：「謝天謝地，他們沒有拋棄我。」

幸好，勞動力缺乏的危機並沒有持續太久。原因是，產業興旺熱過了頭，緊接著平地颳起一股不景氣的旋風：物價暴跌，產品滯銷，工廠紛紛減產或停產。

幸之助的產品沒有受到經濟蕭條的影響，產品暢銷不衰。勞動力匱乏的危機也已消失，幸之助冒出「天助我也」的喜悅。然而，幸之助並沒有高興太久，便為風起雲湧的工潮而憂心忡忡。

蘇聯十月革命的成功，使全世界產業工人莫不歡欣鼓舞。日本的工人運動方興未艾。工人罷工、工人要求加薪、參加普選、成立工會、管理工廠等一系列要求，莫不使資產階級感到恐慌。

勞資對立，有的廠主和政府勾結，借助警察威懾工人或鎮壓工潮；更有些廠主引進美國福特汽車公司的做法，僱用打手來管理工廠。

通常的法則是，越是大型工廠，越容易發生工潮，這是因為產業工人集中的緣故。像松下電器製作所這類小型工廠，外面工潮再怎樣轟轟烈烈，裡面都靜若一潭死水。

　　偏偏這時幸之助萌發了憂患意識：「如果我的工廠規模擴大，難免不發生工潮，那時我該怎麼辦？」幸之助進一步想：「我的工廠受外界經濟氣候及自身經營的影響，如果工人情緒波動，我又該怎麼辦？」

　　「對立不如親善」，這是松下幸之助身為經營之神的聰穎之處。幸之助從舊式的家庭企業受到啟發，工人像是老闆的家人，老闆則像是工人的父親。

　　經過改良，舊式的家族企業模式也能適應新的管理模式。所有的員工若能團結得如同一家人，松下電器製作所才有希望。從這點出發，幸之助的理念逐漸明朗。

　　松下幸之助這樣教育工人：「松下電器製作所的員工都是松下大家庭的一員，誰不是松下大家庭的一員，誰就不是松下電器製作所的員工。」幸之助計劃成立一個類似工會的組織，在這個組織裡，老闆員工一視同仁。構想有了，幸之助卻為取什麼名字而傷透腦筋。

　　一天，過去的朋友森田來看望幸之助。

　　他說：「你何必想得那麼難呢？全體員工步調一致，就叫『步一會』好了。這『步一會』還有『一步一步腳踏實地向前邁進』的意思。」

　　幸之助茅塞頓開，說道：「真是太好了！」步一會的成立，使員工有了歸屬感，這象徵著松下管理進入自覺階段。步一會

一步一步地完善，松下電器製作所也一步一步地發展壯大。Panasonic 有今天，步一會功不可沒。

松下幸之助管理是摸著石頭過河的，松下電器製作所也得以穩步發展。一九二〇年，松下電器製作所在大阪已有較高的知名度，在市場上站穩了腳跟。銷售已不成問題，經銷商方面，幸之助只需騎腳踏車外出晃一圈，或派員工去走一遭，就可搞定。

難的是東京的電器市場，局面雖已打開，可絲毫不敢鬆懈。由於交通、通訊仍十分落後，常有鞭長莫及之憂。幸之助每月跑一次東京，他實在太忙了，只恨分身無術，而銷售形勢，光每月跑一趟是遠遠不夠的。該有個人長駐東京才好。

常年駐外，又要跟大宗的產品資金打交道，非得用自己的親信不可。幸之助想到歲男，歲男當時只有十七歲，娃娃臉，一臉稚氣。平時工作表現很優秀，做事也很勤快。

可這是獨立在外行使大權，一個小男孩勝任得了嗎？然而，當時實在選不出更合適的人選。幸之助想：「就讓他去試試看吧！俗話說，屬鞭打駒馬，跑跑就會成為駿馬的。」

歲男做得不錯，而且越做越好。松下幸之助管理的用人之道，最初是從歲男身上漸漸領悟的。

當初的東京聯絡處實在難登大雅之堂。為了省錢，歲男寄住在早稻田大學旁邊的學生宿舍。每天跑東京的電器市場，儼然大人一般和經銷商洽談。一獲訂單，馬上通知大阪地區，貨物就

會直接發到經銷商手裡。

經銷商起先把歲男當作不諳世事的娃娃，後來，都不敢小覷了。

有一件事，使幸之助與歲男終生難忘。他們後來都成為日本企業界的巨擘，都在自己的著作中不約而同地提及此事。

歲男住在大學生宿舍，夏天來臨，蚊子越來越多。歲男先斬後奏，花三日元買了一件麻質蚊帳。而後，才在寫給姐夫幸之助的信中匯報。

幸之助見信大吃一驚，真是膽大妄為，奢侈至極！他馬上回信嚴厲批評：

「想想現在的松下電器製作所和你的身分，我不管什麼理由，用三日元買一頂蚊帳是不行的，明明買一元左右的棉蚊帳就很足夠了。奢侈是不被允許的！」

從這件事可以看出松下幸之助嚴格的管理理念。

同時，這件事對幸之助的影響也很大，他想，一個人駐外，還是親近的人，就出這樣的亂子。若以後更多的人駐外，全國各地都有我的分店、分廠和聯絡處，豈不是天下大亂！看來還得白紙黑字，來一點明文約束才行。因此，管理制度化是幸之助終生都在探索與完善的課題。

松下幸之助晚年，得出的最精闢而又最樸素的經營之道是：

「做生意就好比下雨了，總得撐傘；下雨之前，預先準備好傘就行了。」

「下雨撐傘」、「未雨綢繆」是人們日常生活中最平凡的道理。經營之道如人的處世之道。松下幸之助並不比他人更具經營天賦。他的可貴之處是從不自作聰明，自以為是。他從來都是順其自然，面對形勢。走一步，看一步，再走一步。這樣走走看看，逐漸領悟經營之道。

幸之助最初只管生產，但很快兼銷售；他剛開始只盯住大阪的市場，但很快擴展到了東京；他最初只靠書信口信聯絡，但很快順應潮流，裝起昂貴的電話。

蚊帳一事，足見松下幸之助的吝嗇，但為了經營，幸之助也會顯示出難得的大家氣派。

當時，裝一部電話需要一千元。這對尚在襁褓中的松下工廠來說，無疑是個天文數字。他的起步資金還不足一百日元。當初只想著出產品，壓根不敢問津這等奢侈品。

隨著銷售量的增加，銷售網的擴大，對電話的需求日益緊迫。工廠已初具規模，銷售看好，但要付出一千日元的裝機費，工廠馬上就會捉襟見肘，陷入困境。幸之助算是幸運的，他抽籤抽到「九年分期付款電話」，終於在一九二〇年六月裝上電話。

這種又呆又笨的手搖電話，在當時可是了不起的東西。聲音可越過千山萬水，從大阪傳到東京，甚至更遠的地方。幸之助

馬上把裝電話的消息用郵寄廣告明信片的方式通知各地的經銷商。

經銷商見到明信片，驚嘆道：「哇，松下幸之助真了不起！」那時工廠商店是否夠格的標誌，就是有無電話。

幸之助接到東京經銷商的訂貨電話，欣喜地對梅乃和員工說：「你們知道嗎？是用電話來訂購的呀！」

電話使幸之助及員工產生出澈底告別舊式作坊的奇妙感覺。梅乃回憶起聽到弟弟歲男來自東京的聲音時，說：「那種感覺真是妙不可言。」

次年，幸之助又添一喜──妻子梅乃懷孕了。

松下幸之助二十一歲結婚，當時梅乃十九歲。這之前，梅乃相親過不少男人。

松下幸之助後來成為日本的驕傲，但梅乃並不因為夫君後來的光環，而掩飾當年對丈夫的看法，她說：「幸之助是我相親過的男人中最差勁的一個。」

梅乃出身富裕的船販家庭，高等小學校畢業。她當時下嫁幸之助，只能用東方文化的「緣分」來詮釋。

松下幸之助的「差勁」，一是家窮，二是體弱。

日本是個以男人為中心的社會，梅乃像所有的日本女人一樣，對丈夫忠誠不渝、捨己輔夫，為支持幸之助的事業，梅乃幾

乎把所有的衣服首飾都送進當鋪。工廠興旺，窘境緩解，梅乃最感憂慮、最覺無奈的是丈夫的身體。

幸之助怕風怕光，幾乎都待在家裡，即使是夏天也得緊閉門窗，拉下竹簾。幸之助弱不禁風，致使梅乃擔憂他隨時都可能被病魔奪去生命。

奇怪的是，幸之助體弱卻命大。別人得肺結核之類的疾病，常常一命嗚呼。而幸之助屢得頑疾，邊工作邊治療，竟然能慢慢地拖好。

有一次，幸之助騎腳踏車和迎面而來的汽車相撞，連人帶車被撞飛。同事常笑話體弱氣虛的幸之助「一口氣都能吹倒」，可這次，幸之助卻像鋼打鐵鍛似的，只受了點皮肉傷。

同事和朋友說幸之助命大，全是因為名字取得好──「幸之助」。幸之助與梅乃都承認這一點，可梅乃對幸之助體弱的憂慮不曾減輕一分。

最駭人的一件事是一天幸之助排出殷紅的血尿來。幸之助精神驟然崩潰，昏倒在地。梅乃更是嚇得六神無主，悲痛欲絕。後來方知是虛驚一場。

幸之助玩命地工作，為緩解疲勞，帶紅葡萄酒到現場，累了就喝一口。因此酒中紅色素的沉澱隨尿液排了出來。幸之助沒有去看醫生，我們只能揣測他的消化系統不好，因為其他常喝紅葡萄酒的人並不會有這種「血尿」。

梅乃婚後數年沒有懷孕，這大概是情理中的事。夫妻倆都未去看醫生，我們也只能揣測，原因應該在幸之助這一邊。幸之助本來就是個性慾淡薄的男子，加之一心埋頭事業，對有無孩子並不放在心上。倒是梅乃心中暗急，她多盼望能懷上一個孩子。

在婚後的第五年，梅乃終於懷孕了！

她羞澀而幸福地把「喜事」告訴了丈夫，幸之助一愣，說道：「啊，這麼說來，我當爸爸了？」

一九二一年，長女松下幸子來到世間，是年，松下幸之助二十六歲，事業有成，正欲大展宏圖。

擴大生產規模

一九二二年，松下幸之助決定在大開路一段七十三號建新工廠。

一九二〇至一九二一年間，雖然經濟境況越來越差，但是松下電器反而得到了發展。

至一九二一年秋天，無論幸之助怎麼想辦法，松下電器也應付不了更多的訂單了。他決定再租一兩幢房子，或乾脆找一塊空地建個工廠。經過深思熟慮，他決定把大開路一段有一塊一百多坪的地租下來建工廠。

雖然做了決定，可是，當時幸之助手頭只有四千五百元。

數目雖不能算很多，卻足以證明這兩年間松下電器賺了不少錢。以一百坪的土地來設計，工廠用四十五坪，事務所和住宅用二十五坪，總計要用七十坪。他自己先畫了一張房間分配圖，然後請建商估價。

建商以分配圖為基礎，加上立體圖，送來了估價單。幸之助看到立體圖時，很興奮。和十六元租金的房子比，真有天壤之別。一想到不久之後，便可以在這樣的工廠工作，他立刻感到跟以往截然不同的生活意義。

估價單上的建築費是七千多元。幸之助手頭只有四千五百元，還缺兩千五百多元，這讓他頭痛起來。盤算一下：「工廠建好，隨著機械設備和周轉金的增加，無論如何要準備大約一萬三千元的資金才夠。」

當時樣樣都很困難，向銀行借錢是不可能的。從別的地方借，幸之助又沒有後台，更是借不到的。

可是看著這張立體圖紙，幸之助下定決心一定要建，克服一切困難。但是無錢不成事，實在不得已，只好放棄了。但他又想回來，建築工期需要六個月，這六個月裡幸之助可以賺一些貼補上去，但怎麼算也無法湊到一萬三千元的數目，於是他請來建商老闆：「老實說，錢不夠。因此，請您先建工廠，事務所和住宅以後再說。」

「如果只建工廠，有三千五百元就夠了，這樣還可以留下

一千元。這一千元加上每月的收益夠周轉了。只建工廠的話，這個計畫是可以進行的。」

沒想到建商老闆卻說：「先建工廠，後建事務所和住宅，成本會增加，還是一起建比較划算。要是只建工廠，就得重新估價。」

幸之助說：「您說的有道理。可是，我的難處已經和您說過了，我的手中只有四千五百元了。不過，如果您願意讓我延期付款的話，我願意一起建好。我們公司生意一直都很順利，絕對不會讓您為難。」

雖然是第一次交易，這位建商老闆卻一口答應：「好吧！就按照你能付的條件付清好了。」

「您是說真的嗎？」

「我怎麼會說假話？」

「可是您不能把我的房子拿去抵押哦！」

建商老闆說：「依慣例，建房子的人錢不夠，房屋所有權狀要由建商保管，等到建築費付清了才把所有權還給原主人。如果你不喜歡這樣，我就信任你，不保留所有權狀。」

「好！可是我並不領情啊！我是為了方便您才同意的啊！」

「遇到你，真是沒辦法。」

就這樣，條件談好了，幸之助很高興。終於要正式建工廠了。雖然他相信建好了工廠增加生產之後，產品必能賣得出去，收益也會增加，約定的建築費必能付清，可是，他仍然感到責任重大。人家相信他的一句話，他怎麼可以背信棄義呢？

付款的日期到了，他一定不能拖延。他對自己發誓一定要如期付清。

新建這座工廠的氣魄等於邁出了今日 Panasonic 歷史「積極主義」的第一步。因為被建商信任，才勉強決定建工廠的事，竟成為他非澈底努力到底不可的原動力。

工程開始是在三月，幸之助拜託他們在七月底以前完工，他們也答應說可以完成。他每天看著工程狀況的進展，心裡充滿期望，感到非常高興。

一有空，他就走路到離家只有一公里的建築工地去看，有意見就當場跟工地的人商量解決，希望在品質得到保障的情況下順利完工。

他對這個工廠的期望，無法用言語形容。他從九歲至二十七歲，這十八年間，由學徒開始，終於自力建了工廠，可以說，過去的努力終於有了成果，他感到特別興奮！

新工廠在當年的七月如期完工，他們立即搬了進去。

新工廠比舊工廠大四倍，設備又是依照工廠的需求而設計，使用效率比舊工廠提高五六倍。關於設備和人員，幸之助在

建築進行中就已經準備妥當，開工時，全體員工已經超過三十名。

新工廠終於建成了。全體員工充滿幹勁，都有「要加倍努力」的決心。從此以後，業績順利發展，更鞏固了業界對松下電器的認識。

在穩定中求進步，每月增加一兩種新產品，更為各方所期待。

經銷店每月都有增加，東京方面的經銷店也越來越穩固。在名古屋，幸之助開始著手拓展市場。名古屋的代理店岡田、渡邊、富永等，就是在這段時期開始交易的。這一年進展非常快，接著東京、名古屋之後，他們又到遠處的九州開發銷售路線。九州的平岡商店，在這個時候加入了他們的陣營。

當時，平岡商店是經銷玻璃的大商店，電器生意做得少。平岡很有眼光，他看準了電器的前途，對松下電器的未來發展也很關心，因此他跟幸之助很談得來。

平岡說：「你要開發九州，讓我打頭陣，我們好好地大幹一場！」

幸之助聽了他的話，覺得很放心，就把九州的開發交給他包辦。當時一個月一百元或兩百元的交易額，十五年後達到每月十萬元，是九州總銷售額的三分之一。

發展到這一年的歲末，全體員工增加至五十人，月產值達

到了一萬五千元。

回顧這五年，幸之助過得非常艱苦，其間不乏資金周轉不靈的事，人事問題更使他傷透了腦筋。可是，這些問題都被妥善地解決了，並利用這五年擴大了企業規模。

松下電器達到這個地步，業界製造商之間的競爭也激烈起來，各家接二連三地推出自己的新產品。當時，配線器具的製造商是以東京電機為首，東京的石渡電機也不小，大阪的時和商會在關西是一流的，可是和東京電機仍不能相比。

松下電器雖也略具規模，但在這些製造商眼中還差得遠。幸之助一直想慢慢趕上它們，向配線器具界擴展。他剛開始想製造開關插座，一直想了很久，做過計畫，也少量製造過，是為了避免競爭才停止。

當時的市場競爭仍很激烈，尤其開關插座已經研究到極致，他們無法做出創造性的改良產品，如果製造的話，就只能跟大家一起競爭了。

還有一點值得考慮，各家都在競爭，只有東京電機一家站在競爭圈外自行定價。幸之助決定開發生產電器開關、插座，雖然有製造開關插座的必要，卻無法像東京電機那樣，制定出自己的價格來。

如果去跟東京電機以外的製造商打仗，一定非常困難，幸之助雖很想製造，可是太勉強也不好。不如把別種產品加以改

良，繼續增加新型產品，這樣比較安全而穩賺。於是他打消了製造開關插座的念頭。

這對幸之助來說是一件很難過的事。為什麼呢？ 很捧場松下電器的一位經銷商說過：「松下啊，為什麼不製造開關插座呢？製造開關插座不是很方便嗎？ 你們不製造，我們就只能去別家買了！」

幸之助雖然難過，但是時機尚未成熟，不得不忍耐。

幸之助認為：「不要急著做事，更不可為了面子而冒險。一定要安全評估，謀定而後動才行。」

過去五年，幸之助做了很多勉強的事，可是唯有這個開關插座，很想做卻不得不放棄，完全是基於不做虧本生意的原則。凡事要由易入難這是常識，也是成功之路。在正常情況之下，都要依這個原則行事，不可勉強。尤其是做生意或經營事業，更要注意。

松下幸之助認為年輕人常常因為過分熱情而敗事，多半是沒有守住這個原則的緣故。

後來時機成熟，一九二九年，他們終於也開始製造開關插座了。

松下電器的產品和東京電機同樣以一級品在市場銷售。製造成本或銷售價格方面，都在合理的範圍以內，生產量比別家超出很多。

　　松下幸之助認為，發展事業不能操之過急，要循序漸進，這是他能夠超越同業和前輩的原因。

成功研製出電池燈

　　工廠建好以後，幸之助開始關注腳踏車車燈的研製。這款產品對後來松下電器的發展有著深遠的意義。

　　因為松下幸之助在腳踏車店待過很久，總想試試製造腳踏車的零件。可是，並沒有什麼具體的想法，只不過有這麼一個模糊的願望罷了。

　　自從經營工廠以後，為了站在第一線活動，他每天騎腳踏車出去，天黑了就得點蠟燭燈，常常會被風吹熄。尤其是風大的時候，點了又熄，跑一段又熄，熄了就得用火柴再點，麻煩得要命。

　　因為太麻煩，幸之助開始想，如果有不會熄滅的燈，那騎腳踏車會很方便的。

　　當時腳踏車照明有三種燈：一種是蠟燭燈，亮度不夠，極易熄滅，唯一的優點是蠟燭價廉，因此頗為流行；另一種是進口的瓦斯燈，亮度夠，但價格昂貴，只有少數富家車主裝在高級車上，非大眾產品；還有一種是電池燈，它跟瓦斯燈一樣不受氣候影響，亮度適中，但電池的壽命僅夠維持兩三個小時，這成了它的致命弱點。

　　幸之助想：如果電池燈的壽命能延長十倍的話，肯定是暢銷產品。

　　這麼一想，幸之助決定要利用電池設計出很完美的東西。這是電器企業的本行，由松下電器來製造銷售，名正言順，除了電器企業以外，還可以向懷念的腳踏車店銷售。就連自己騎車，在路上不熄燈的願望也可以實現。

　　幸之助越想感高興。這個想法也越來越強烈了。

　　設計工作落到了自己頭上，他不能拖延。他開始畫圖試作，每天都工作到很晚。

　　幸之助要求自己的新產品絕對不能和目前的電池燈一樣，兩三個小時就用光，一定要構造簡單，不故障，很耐用，至少能使用十小時以上，而且價格要便宜。

　　這話說來簡單，製作起來卻相當困難。三個月過去了，在這期間，他製作過幾十個，甚至近百個試驗品。經過六個月的工夫，幸之助才製作出第一個炮彈型的電池燈。

　　當幸之助試做炮彈燈時，九州的平岡來找他，看到了這個新型燈，對他說了一些鼓勵的話，幸之助始終記得這份溫暖的友情。

　　設計車燈的時候是很幸運的，剛好有人推出了用電較少的「豆燈泡」，消耗的電量只有舊燈泡的五分之一，大家都叫它「五倍燈」。他立刻採用了新型的豆燈泡，重新組合探照燈用的電

池，裝入炮彈型燈殼，試點效果，果然不錯，竟可以耐用三十至五十小時。

原來的腳踏車車燈只能點三四個小時，這種新型燈等於提高耐用十倍的創新性新產品。幸之助一再做實驗，也實際用用看，連自己都為它的耐用和省錢大吃一驚。

幸之助深深覺得自己成功了，但他並不自滿，同時也在思考還有比這個更好的腳踏車車燈嗎？外形好看，構造簡單，一組電池就可以點四五十個小時。電池錢才三角多，蠟燭一小時點一支也要兩分錢，這種燈一定會暢銷。

渴望很久的理想終於實現，而且可以成為今後賺錢的資本，這對松下幸之助來說，是雙重的高興。他決定大量製造和銷售，便開始著手準備。

炮彈型電池燈的製作和銷售獲得了意外的成功，而且產生了腳踏車車燈界的革命。當時到鄉下去，沒有一個地方不使用電池燈，還可當作手提燈；以前點蠟燭時常常發生火災的情況都沒有了。之所以能產生這麼大的作用，完全是因為電池燈雖然是簡單的發明，卻具有普及性的效果。

電池燈製造和銷售過程並不是一帆風順，其間產生了許多麻煩。

一九二三年三月，終於依照研製完成了樣本，開始製造其中大部分的零件，松下工廠沒有設備，只好向外訂購。

　　訂購的第一件設備是木箱子，沒有現貨，可能要找木器企業訂做。去哪裡找呢？他完全不知道。

　　「先找木器企業吧！」松下幸之助翻遍電話簿上的廣告欄，又到各處去打聽，找到了兩三家。他立刻把做好的樣品拿出來給人看，然後開始談訂做事宜。

　　木器企業是第一次接這種生意，所以一再考慮，不肯爽快地答應，何況數目只有一兩百個。

　　這讓幸之助為難了。後來他一再向對方強調：「這的確是有價值的實用品，可以大量銷售，起初也許是新型，比較貴，可是將來本錢一定可以補回來而且有餘。」

　　最後只有一家若松木器企業答應了。

　　可是對方卻說：「你們一個月要訂做幾個？不預先說好，我們無法準備材料。數量少的話，也無法訂定價格。最初一兩個月只能算是熟悉工作，並沒有錢賺。你說有發展性我相信，但我們的設備也要改，所以要保證每月的訂購數量才行。」

　　這是合理的要求，對於產品，幸之助雖然有信心銷出去，準確的數目他卻估計不出來。要長期固定每月數量是很困難的，因當時松下電器還沒有什麼名氣。

　　何況是非同業的木器企業，自然不知道他們的信用，叫他們便宜，就得在比較誠實的態度之下訂做才行。不論如何，幸之助決定每月訂做兩千個。

　於是木器企業按照每月做兩千個的計畫去準備。他雖然有把握，卻也很擔心。鐵器部分沒有什麼麻煩，有的要訂做，有的要自己製作。

　乾電池的心臟最重要，那是因為電池燈之所以會失敗，除了燈的構造有問題之外，最大的因素在於乾電池本身品質不良。因此，乾電池的好壞，可以決定這個燈的成敗。

　用什麼牌的電池才好呢？當時在關西地方，一流的電池是朝日乾電池，在東京是岡田乾電池。其他還有四五家一流廠牌。幸之助進一步去調查，才發現二三流的乾電池工廠竟有五十家之多，這讓他大吃一驚。

　朝日乾電池工廠當時是關西唯一的製造商，態度高傲，恐怕談不成。東京一流的乾電池工廠，也跟朝日工廠一樣，生意很難談成。不得已，只好從二流乾電池廠商裡挑一家最好的。

　他在東京收集了十幾家乾電池成品，認真地加以比較研究，認為小寺工廠的產品最可靠，就開始跟他們交涉。小寺工廠也很樂意地答應了。

　電池訂購的交涉比木器企業簡單，幸之助很高興。箱子和最重要的電池都解決了，零件也準備好了，可以組合了。同年六月中旬，他們開始製作。

　終於在六月底，一切都準備就緒，開始銷售。他自己送貨到商店，向老闆說明特點。他期望對方會這麼說：「這個很不錯，

可能很暢銷。」

　　出乎意料的是，老闆卻說：「聽你的說明好像很不錯，可是賣得出去嗎？ 電池燈毛病很多，信用很差，恐怕不太好賣，尤其你用的是特殊電池，買不到備用品。如果路上電池用光，附近買不到，那就很不方便。這個東西，恐怕很有問題。」

　　構造特殊，耐用，實用價值高，價格又便宜，他怎麼反而說有問題呢？ 幸之助心裡很憤慨。

　　幸之助最初的熱情消失了，只告訴他：「請賣賣看吧！ 我放一些樣品在這裡。」這麼一來，精神就消沉了，可是信心依舊。

　　幸之助繼續在大阪各經銷店跑。一家又一家，令他吃驚的是，大家對他的產品都不感興趣，而且拒絕時說的話也大致相同：「因為使用特殊電池，對買的人不方便，要是買不到備用電池，恐怕就很難賣出去了。」

　　到了這個地步，簡直是窮途末路。怎麼都把優點說成缺點了呢？ 大阪不行，到東京看看。到東京的各經銷店去走一趟，結果還是一樣，大家都說不好賣，都沒有人願意訂購。

　　此時，幸之助為這個結果驚訝不已。

　　這怎麼行呢？ 電池車燈是真的不行嗎？ 他反覆思量，可是怎麼也想不出賣不出去的道理來。批發商都誇大缺點，而不肯看優點，不，反而把優點當作缺點來看！ 這是一種誤解，批發商過度看重標準型電池了。

如果轉向電器企業以外的外行人，或腳踏車店，不會太顧慮電池問題，反倒會比較客觀地看這個電池燈吧？也許走腳踏車店路線，去開拓銷售網會更好！

幸之助暫時放棄了電器企業，改向腳踏車店推銷。腳踏車店沒有松下電器的經銷店，所以不大熟。他們不認識松下電器。如果說明不妥，恐怕會比電器企業更難交涉。這麼一想，他就更緊張了。如果腳踏車店也賣不出去的話，一切就完了。

六月開始製造的成品，已經有了兩千個庫存。

他們跟木器企業有合約，不久就會積下三四千個。如果再拖延，電池也會損傷，非想辦法不可，這是一定可以賣出去的東西，只因為大家不知道它的真實價值，他一定要想辦法讓腳踏車店知道。

免費寄售電池燈在大阪各家腳踏車店的結果，比電器企業更慘。他們根本就對電池燈不感興趣。這其中的原因是腳踏車店以前試賣過的電池燈品質太差，他們吃了虧，就再也不敢賣了。

不論幸之助怎麼熱心說明，他們都不大注意聽，只對他說：「我們再也不敢賣電池燈了。你看看那個商品架，去年買的電池燈，到現在還賣不出去，我們虧大了！」

不但推銷推不出去，還要挨罵。其中也有好心的人說：「這是滿好玩的東西啊！真的可以連續點三四十個小時嗎？就怕不是真的。電池燈向來都是誇大其詞的，推銷這個得有耐心，要在

腳踏車店銷售恐怕不容易。我們暫時不想訂購，祝你到下一家能成功。」

這是唯一可以說是安慰的話，此路也不通。如今幸之助也沒有勇氣去東京的腳踏車店試試了。其實不試也知道，結果一定是大同小異。

幸之助花了一個月的時間，試著去說服每一家批發商，結果還是一樣，他們都說：「特殊電池不好賣，之前的電池燈也賣得很差。」松下電器電池燈庫存越來越多。

可是他並不灰心，對自己說：「這是不可能的，怎麼會有這種怪事呢？我一定有辦法把它銷售出去！」

日子一天也不能再拖了。

後來松下幸之助想出一個死裡求生之計，暫時不賣，先請大家用用看，以便證實它的真價值。用後自然明白，明白以後就願意經銷了。

那麼，要怎樣請人試用呢？批發商很忙，他們不肯做這種麻煩的實驗。於是他下決心，直接請零售店試用，然後請他們加強宣傳。

倉庫裡已經積存了三四千個，而且每天都在生產中，叫一兩家零售店做實驗已來不及。他一定要採取一邊實驗一邊銷售的方法。

　　最後決定，大阪所有的零售店，每一家都寄存兩三個電池燈，其中的一個要現場點亮，告訴他們：「一定可以點三十小時以上，請注意看燈什麼時候熄。如果真的可以點三十小時以上，你們又認為賣得出去的話，就請把其餘的賣出去。客人要買的時候，也請把這個實驗結果告訴他們。如果有不良產品或時間不超過三十小時的，可以不付錢。」

　　他用這個辦法，每天去巡察大阪每一家零售店。一個人詳細說明，一天走不了幾家，所以他找來三個業務員分區進行講解。

　　這幾個業務員都認為很有趣：「怎麼有這麼好玩的工作？每天拿電池燈去寄放，不必收錢，當然不會惹人厭，它們一定會很受歡迎的。」

　　這當然是有趣的工作，像這樣的做生意法，實屬例外。一般生意失敗的最大原因是東西雖然賣出去，錢卻收不回來。因此，他的辦法是冒險的。

　　電池車燈的情況非常特殊，但幸之助對此很有信心，他相信只要讓大家了解電池燈的價值，其他問題都可以迎刃而解。幾個業務員一天拿出去的數量是七八十個，金額相當不少。這並不是寄售品，所以不能收錢。這樣子的試用法，他們就無法編制預算了。

　　情況不好的話，也許一角錢也收不回來。以當時松下工廠

的財力來說，這是個大問題。到底等多久才能回收成本呢？幸之助很不安。可是除此之外，已無第二條路可走！

「好東西到最後一定會暢銷。」這句話是他唯一的靠山。

當時他認為，只要發出去一萬個，就會有反應的。一萬個的價格是一萬五、一萬六千元。如果沒有反應，工廠就會周轉不靈，這等於是拿松下幸之助的命運作為賭注了。

幸之助費心聽取業務員回來的報告，漸漸地，產品的真正價值被承認了。

甲業務員說：「今天成功了！我到上次寄賣的零售店去，老闆說：『點燈的結果，比說明書上所說的時間更耐久。這樣的電池燈還是頭一次看到。另外兩個燈，已經賣給了我們的老主顧，這是貨款。可以再送貨來啊！』」

另兩個業務員也說：「試點電池燈的結果都一樣，所以每家都很滿意。今天有幾家已經把錢交給我了。老闆，這是最大的成功。我以前聽說零售店付錢不爽快，可是依今天和昨天的情形看來，錢很好收。我們會繼續加油，請放心。」

像這樣的報告，過了一個月之後越來越多了。一個月之間，他們寄賣了五千個電池燈，起初怕收不到錢，現在卻很好收。到現在才證明，他最初的信心沒有錯。又過了兩三個月，零售店常因為等不及業務員去，主動打電話或寫明信片來訂購。

到了這個地步，事情就好辦了。電池燈越來越暢銷，每月

可以銷售兩千個。更有趣的是有些零售店，嫌打電話或寫明信片給松下工廠太麻煩，轉而向批發商訂購。批發商也發現這款電池燈很暢銷。

本來松下電器去拜託批發商，他們愛理不理，現在情況恰好反過來，他們被零售商逼得去跪求松下電器。

賣給批發商的價格比較便宜是當然的。但是製造商直接賣給零售店非常繁雜，所以，原則上還是透過批發商去經銷才是正道。幸之助趁這個機會，再去拜託好幾家批發商，請他們接下零售店的經銷工作。

批發商誇獎他說：「了不起！能自己打開這條銷售路線，真不簡單！」

回想銷售電池燈的經過，真是給了他一次「窮則變、變則通」的實際體驗。設計代理店銷售制度在大阪已經上了軌道，其他地區還沒有開發，那麼，東京和其他都市也要比照大阪的模式去做嗎？那是不行的。

如果想在外埠推行這種方法，不論人手或資金方面都有困難。由松下工廠直銷是下策，於是幸之助決定徵求各都市的代理店，由代理店去包辦。

銷售成績已經在大阪獲得證實。為了找全國各地的代理店，幸之助刊登報紙廣告。第一個來應徵的人是吉田幸太郎，松下幸之助向吉田詳細說明大阪的推銷經過和成績。

吉田一聽就明白，他看著電池燈說：「一定可以暢銷。我願意負責奈良縣和名古屋的代理權。」他立刻交出了兩百元的保證金。

最初怎麼說服批發商也行不通，六個月之後卻可以向代理店收取保證金，這麼一比就覺得，做生意是很有趣的工作。

吉田有自己的獨家路線，當天他把樣品拿到名古屋，立刻把名古屋的代理店工作交給了認識的人，而收取了權利金數百元。對他那樣敏捷的買賣手腕，幸之助著實嚇了一跳。

向吉田買代理權的，也是一個很有趣的人，他不是經營電器企業或腳踏車店的，完全是外行人，可是很會說話，所以在名古屋推銷得很成功。

後來代理店越來越多，製造方面也得確定大量生產的方針才行。為了減少銷售事務的繁雜，松下電器開始減少批發商的數目。就在這個時候，松下電器和大阪的山本商店談妥，把大阪的總經銷工作一手交給了山本商店包辦。

山本商店的老闆山本武信，本來是以化妝品的批發兼出口為業，在大阪很有信用，生意也做得很不錯。這位山本看了電池燈一眼，認為這個東西好，就跟松下電器訂了合約，這讓幸之助內心非常敬佩。

山本跟幸之助一樣，十歲就到大阪船場化妝品批發商當學徒，從實際磨練中習得生意竅門，他做生意很有自信，而且反應

敏捷，是一個有眼光的人，為人重情重義，喜歡幫助別人。他獨立以後，舊東家沒落，他還幫忙撫養對方的兒子，並繼續替他經營，真是個講義氣的男子漢。

和幸之助一樣，山本也沒什麼學歷，可是他立志要從事海外貿易，曾到南洋旅行過七八次，也到過美國，把日本的商品向國外拓展。

最讓幸之助佩服的是，山本在歐戰時期大量出口商品，非常活躍，也很賺錢，擁有不少的財產。戰後商品出口停止，庫存的東西降價，成本無法回收。

開出去的支票快要有問題了，雖盡了最大努力仍無法挽救，到了這個地步，他下定決心宣告破產，就在退票前幾天，他把所有財產都交給銀行處理，連太太的戒指和自己的金鍊都交出來。

普通人在退票之後，總是在銀行有所要求下，才勉強交出一部分財產。跟一般人相比，山本的確偉大。幸之助當時就想，如果他也遇到那種情況，是不是也能像山本那樣負責到底呢？

銀行對山本的誠意也非常感動，主動向山本提供了許多援助，使他的事業能順利過關。經過這一次考驗，山本反而更增加了一層信用，最後終於突破難關，繼續經營他的事業。

幸之助和山本做了三年的生意，從他身上學了不少東西。

Panasonic 能有今日的成功，山本功不可沒。山本唯一的

缺點就是太任性。因此，他常常和幸之助發生衝突，有時甚至激烈辯論到天亮。大概是他們兩個都太熱衷於做生意的緣故吧！幸之助把大阪府下的總經銷業務交給了山本後，生意也更加順利了。

與代理店簽訂協議

一九二四年，全國上下都在迎接新年。腳踏車電池燈銷售順利。電器用具進入第六年，更是充滿了新希望。幸之助決意要在這一年好好地大顯身手。

這一年，他和山本商店經過一些波折之後，終於簽訂了合約。這件事使他對做生意有所領悟。往大的方面說，做生意和經營一個國家差不多。

一九二三年九月關東大地震後，百廢待興。在一九二四年初春，松下電器又在東京開設聯絡處，主任是宮本。幸之助對宮本說：「你一直待在工廠，我觀察過你的性格，要派你到災後重建的職位去。我認為你是最適當的人選，所以要選擇你。」

他接著說：「災後的復興工作，一定要能吃苦耐勞。希望你以出征戰場的心情，全力以赴，完成任務。」

宮本也很感激，流著眼淚說：「我雖然一直在工廠，沒有銷售經驗，可是我一定拚命努力，不辱使命。」

為什麼流眼淚呢？員工出差或開設聯絡處，這在業務上是

一件很平常的事。可是松下電器當時的經營作風，都帶有「只許成功，不許失敗」的決心，這才會使受命的人富有「不成功便成仁」的精神。

宮本以「事若不成誓不還」的決心，向東京出發了。他一到東京，立刻在芝區神明町找到一間違章建築，以四十元的房租租下來，開始了重新營業的種種準備。

過了兩個月，幸之助到東京聯絡處去，令他吃驚的是，他本以為付了四十元房租的房子一定是相當寬敞的，沒想到非常簡陋。

幸之助問宮本：「這麼窄的地方，你們夫婦和見習店員三個人要睡哪呢？」

他回答說：「這個不用操心。」他把凳子一排，立刻架成了一個兩人折疊的床。「晚上在這上面睡，早上收拾起來在這裡辦公，跟打仗一樣啊！」

幸之助聽了很感動。到處都是燒過的房屋，住在這種地方也是不得已。可是連休息的地方也沒有，而且日夜不停地工作，沒有一點埋怨，這樣埋頭苦幹，誰能不感動呢？

這一年，東京銷售受到經濟復興的影響，業績非常好。尤其電池燈銷售得最順利。僅有四公尺寬的店鋪堆滿了要送的貨物和剛到的貨物，店內就沒有工作的空間了，只好把一部分貨物移到馬路上。

每次警察來警告時，他們會說：「好的，好的，馬上收進來。」

剛說完，寄來的貨物又到了。

「沒有地方放，放在馬路上吧！」

「你們怎麼又妨礙交通了呢？」

「剛才的貨已經收好了。這是剛到的，我們立刻把它送出去，請原諒！」他們忙得團團轉，真是吃不消。

松下幸之助對當時生意忙亂的情況印象深刻。那麼窄的地方，用凳子架成床來睡覺，生意卻做得有聲有色，附近的鄉居都感到驚訝不已！

一九二四年九月，電池燈的月產量達到一萬個，可以說是很成功了。就在這個大暢銷的時候，竟發生了一個意外的難題。

本來各地代理店都有劃定銷售區域。可是包辦大阪銷售的山本商店，卻隨著銷售量的增加，把商品也賣給了大阪市內的批發商。透過這些批發商，商品流入地方代理店的區域裡。這麼一來，地方的代理店就要講話了，因為從別處進來的商品，會侵害他們的利益。

地方代理店的人找到幸之助，叫他不要讓別處的商品流入他們的區域。

幸之助只好去找大阪的山本商店交涉：「地方代理店有這樣

的苦衷。我想這要求是合理的，所以請貴店控制好批發商，不要讓商品流出去。」

山本卻說：「我是大阪唯一總經銷，我沒有賣給其他地方。所以沒有違反合約。」

「這個我知道。可是，如果你們賣給向地方銷售的批發店，自然商品就會流入地方代理店的區域去，同時侵害到他們的收益，所以請幫幫忙，多多考慮地方代理店的利益。」

山本卻回答說：「那可不行。賣給市內批發店，本來就會流到地方上，這是可預期的事情吧？有什麼好說的？可見你根本不知道全國買賣的實際情況。至於那些透過批發店流入地方的商品，因為地方代理店本身有優異的競爭條件，所以多少流入一些也不會嚴重影響到他們。因此，你應該有把握地向他們說明，而不是讓我們為了這種事去聽你抱怨啊！」

山本的話也有道理。實在是公說公有理，婆說婆有理。到底怎麼辦才好呢？最後，幸之助寫了封信給山本商店：「您說的雖然有理，可是也請考慮地方代理店的立場，盡量避免侵害他們的權益，在銷售時請多多留意。」

至於地方代理店，幸之助回信說：「我已經請山本商店自我約束，可是多少仍然會流入地方，這一點恐怕是避免不了的。那些透過批發店流入的商品，在價格方面不是你們的對手，請在銷售上設法加強為要。」

　　可是日子一久，隨著地方代理店的銷售量下滑，有些地方代理店想要解除合約。有的甚至說要停止付貨款等等，可見他們的不滿已經到了頂點。

　　事到如今，非好好處理不可。好不容易公司的總銷量增加了，如果處理不妥，恐怕會弄得一團糟，其關鍵在於山本商店和地方代理店之間的協調是否能夠圓滿解決。問題是現在雙方情緒都很激動，要協調恐怕不容易。

　　幸之助從製造廠的角度上看，有義務協調奔走，這個問題不解決，生意也做不下去了。

　　山本商店的作風一向很強硬，恐怕不會答應地方代理店的要求。可是問題不解決，代理店是不會安靜下來的。事情到了這個地步，幸之助必須站在中間人的立場，把雙方都請來直接商量，他希望以誠心要求雙方達成協議，圓滿解決這件事。

　　於是眾人在大阪的梅田靜觀樓舉行了第一次代理店協商會議。

　　一大早就開會，各說各的話，幸之助也努力協調，到了最後，山本說：「我以大阪代理店的立場表示：我們不能中止批發銷售。透過批發商，商品多少會流入各位的銷售區域，那是不得已的。」

　　地方代理店卻建議：「大阪是集散都市，發售給批發商，會侵害到各代理店的權益。所以，最好中止透過批發商的銷售方

法，改為直接批給零售店的方式，希望大阪代理店能夠改變銷售方式！」

雙方不肯讓步。

幸之助再三強調，各方堅持己見，就會變成意氣用事，請山本控制好批發商。另外，地方代理店也不要再為了流入一些商品而斤斤計較。大家要做生意，和氣才能生財啊！

可是山本的最後提案卻是：「如果一定要我改變經營方針的話，我就解除代理店合約。松下電器如果願意提出兩萬元當作違約金，我願意退出。如果不願意，就把全國的銷售權都賣給我。這麼一來，地方代理店就會變成我的大主顧，我會尊重你們的立場，我能使大家圓滿解決。地方代理店的業務可以繼續，松下電器也可以專心製造，山本商店將以總經銷的立場，盡最大的努力去拓展業務。這個不是一石三鳥的好辦法嗎？」

地方代理店裡也有人贊成這個辦法。松下幸之助對山本的提案大吃一驚，這是意料之外的事。他越想越覺得：「山本這個人實在是了不起！」內心一方面感到佩服，一方面也感到憤慨。

這是個重大問題，幸之助得回去再三考慮。他說：「今天的會議，不歡而散的話是很遺憾的。我站在製造商的角度，一定會想出一個妥善辦法，暫時請各位照舊經營，維持現狀，謝謝大家。」

第一次協商會議，就在沒有決議的情形下不了了之了。

　　經過這一次會議，幸之助已經明白地方代理店的意向了。要考慮的是，山本商店和松下電器之間的問題。他也想過，像山本那樣，把權利和義務分得那麼清楚的作風，真令人憤慨。

　　會議結束之後，幸之助冷靜地思考這個問題。

　　幸之助認為不如澈底信賴山本的商業信念，把一切都委託給他，自己專心製造比較好。這樣他還有電器製造的本行工作，腳踏車電池燈是他的副業，他越來越偏向於這樣的想法。

　　只要有適當的方法與條件，他願意把銷售權賣給山本。從銷售區域發生問題時，他就已經下定決心，可是其他代理店也各自持有立場，不一定都願意答應。就算大家都同意，如果以後不順利，也是很對不起人的。

　　山本既然敢負全責，一定有他自己的方針。如果按照幸之助的方針做就好了，不過，他的作風恐怕稍有不同。一想到這些，他又不敢草率地提出來談了，只告訴山本，如果雙方的意見一致，可以進行討論，然後注意情勢的發展。

　　雖然山本與地方代理店之間的糾紛依舊，可是銷售還是順利進行。一九二五年的春天，車燈銷售也進入第三年。工廠作業更加忙碌，大開町四丁目建築的第二工廠，於當年三月完成，幸之助把電池工廠搬遷過去。

　　電器這一邊也很順利。四月，代理店問題終於到了非解絕不可的地步，情況進入與山本認真交涉的階段。跟山本交涉是一

件很吃力的工作。

山本的一套主張都是清清楚楚的:「既然要讓我包辦,就通通由我做主。你要干涉的話,我就不能澈底做好。」

於是幸之助說:「讓你包辦可以。可是,完全無視製造商而任意做,我們會有為難的地方。尤其要尊重過去的代理店的想法。」

如此這般的再三交涉,幸之助說:「山本先生,我一向佩服您的主張,提案和做生意的強硬作風我也欣賞。我決定把全國的銷售權賣給你。但是,您也知道,目前的產量是月產一萬個,把一萬個通通銷售出去,您有把握嗎?你能保證嗎?」

「你會擔心是正常的。不過,松下,我認為在做生意上,我比你還強一點,要是沒有把握的話,敢提出那樣的主張嗎?我已經有一整套的銷售計畫,請你放心交給我吧!我要花很多的廣告費,日常經費也不少,一個月不銷一萬個以上,我也會賠錢的。因此,銷售量的問題,請你不用操心。但是,關於銷售的部分,請你全權交由我負責。」

就這樣做了最後的決定。當時的條件是,協議有效期三年,要點如下:

電池燈的商標權、新案權,以三萬兩千元的代價,山本向松下幸之助買下來;

電池燈的製造權由松下幸之助保有,負責製造與供應;

松下幸之助每月製造一萬個以上，山本負責銷售；

對待地方代理店，原則上要沿襲松下幸之助的方針。

大體上以這四條為原則，於一九二五年五月十八日，眾人到法院完成了公證手續。

這個合約的第一項，以三萬兩千元買下商標的意思是：如果山本銷售成績不好，平均每一個商品的權利金就會提高；如果銷售量增加的話，權利金就會降低。

從第一項的三萬兩千元權利金即可看出，山本是一個很慷慨的人。幸之助對他這種大手筆作風感到很敬佩。

交涉完成，幸之助鬆了一口氣，山本也很高興。

在這段交涉中，讓幸之助難忘的是山本的社長木谷，他是一個澈底忠於老闆的人。他的熱心解決了這一次的困難。當山本和幸之助的意見對立時，他會充當和事佬，為他們打圓場。

山本有了木谷這樣的好助手，他的事業才會那麼順利。他們真是模範搭檔。後來跟幸之助一起住在京都的加藤大觀師父，那時是山本商店的顧問，這一次的交涉工作，他也是關鍵性的人物之一。

山本是一個任性而短慮的人。他自己知道有這個缺點，所以請加藤先生當顧問。對這兩個人，幸之助當時就覺得很有緣分。山本常常採納加藤的意見，加藤也很信賴山本。生意上的重

要問題，他們和木谷三個人鼎足而立，研擬方針。

幸之助一個人對付他們三個，當然是很吃力的。總算談成了交易，他也鬆了一口氣。

重視人才吸納能人

松下幸之助特別重視人才。員工中有一個叫中尾哲二郎的人，他是大地震那一年的年底加入松下電器的。

松下電器有一家轉包的工廠。那裡的老闆本來一直在東京工作，是井植勸中尾到大阪來的。

中尾是個老實人，工人出身，有一點固執，但是做事很努力。中尾脾氣古怪，做底盤所需的模型都要從東京訂做後帶來。模型要修理，明知大阪也有不錯的模型行，買個新的也不過二三十元，但他還是堅持一個個送到東京去修，真固執。

不過這樣一來，可在大阪保持最優等的產品。這種工作態度很有趣，只是太拘泥了，幸之助認為不是很好。

剛好這家工廠是幸之助轉讓給他們的。當他們要趕時間修理時，幸之助連工廠都免費借給他們使用。每次都是老闆自己到工廠來借用。

東京地震那一年年底，有個陌生的小個子青年來到松下電器。他自我介紹道：「我是 H 工廠的工人，來借用你們的車床，

請多關照！」

　　他的頭髮很長，面孔白淨，與其說他是個機器匠人，還不如說他是一個畫畫寫字的學生，這是幸之助對他的最初印象。但看了他操作車床的樣子，幸之助覺得他技術已相當嫻熟。

　　「你很年輕，技術還挺不錯的，好好為 H 老闆服務吧！」臨別時，幸之助勉勵道。事後，這位青年的形象深深印在幸之助的腦海裡。

　　幸之助想：「這位青年叫什麼名字呢？他是哪裡人？什麼學校畢業？他怎麼來 H 工廠的？他在 H 工廠做得順心如意嗎？」

　　這個人就是中尾哲二郎，後來曾長期擔任松下電器的副社長。

　　一九六七年八月，中尾與松下幸之助出席夏季經營懇談會。中尾以自己的親身經歷為實例，介紹松下幸之助的人才觀，並回答了松下幸之助當年藏於心底的疑問：

　　「我是從二十三歲起，就受到松下電器的照顧，不過，說起當初加入公司的經過，卻是一種相當不可思議的緣分。本來我是想在工業界立身，帶著希望在東京拚命，卻不巧碰上一九二三年的大地震，使我無家可歸，獨自一人流落到大阪。當時我根本不知道有松下電器，也沒想過要進電器工廠服務。我身無分文來到大阪，最初想進大型兵工廠，因我身體不合格而未能如願。接著我把目標轉向大公司，先去鐘淵紡織公司。他們的答覆是目前只

需要操作工，機械技術人員暫無職缺。我已是山窮水盡了，在報紙上，我一眼就看到松下電器招募員工的廣告。當時，我覺得『電器』這兩個字相當具有魅力，就急忙跑到大開路去。這才知道實際不是松下電器需要人，而是與松下先生合作的 H 工廠需要人。我輾轉到了 H 工廠，我驚奇地發現，這家工廠只有 H 老闆一個人！所謂員工，如果我進去的話，我就是唯一的員工。H 工廠是做什麼的呢？是為松下電器做一些很簡單的配件。這種工作對我來說是非常容易的，當時一天的薪水是一元，而我在東京時是每天三元。當時大學畢業生遇到待遇好的公司，每月可以領到九十元。這樣的工作，這樣的待遇，確實委屈了我，但我抱著既來之則安之的心理，待了下去，這就是緣分。如果我一走了之的話，就不會遇到松下先生。模型損耗了，H 老闆要我去東京找人修理或訂做。我說：『我會，不必跑去東京。』我這才算真正進了松下電器的工廠，認識了松下先生。因為我會做模型，覺得自己很了不起。久而久之，就毫無顧忌地提出各種意見，用現在的話來說，就是『提案』。但是，任憑我怎麼建議，老闆就是不聽。也許是我太年輕，也許是講了太多的大道理，最後 H 老闆生氣了，揚言要把我 fire 掉。這反而成了我進入松下電器的契機。」

在懇談會上，會長松下幸之助聽了上述的話，做了一番補充。

松下幸之助說：「聽了副社長的談話，我也想起了四五十年

前的事，雖然我對當時的印象很模糊了，不過，因為中尾比我還清楚這件事，所以我想事情應該就像中尾說的那樣。人類真的有一種不可思議的緣分。我們合作工廠的 H 老先生那時來到我的辦公室，劈頭就叫道：『松下，不好了呀！』我說：『什麼事不好了？』他說：『就是那個到我那裡工作的年輕人中尾啊！』我說：『他怎麼啦？』他說：『他一點也不聽我的話，只要我說要怎麼做，他就一一把我的話反駁掉，他還隔三岔五地要我這樣做，那樣做。那個小毛頭真是麻煩得很呀！』我說：『我見過那個年輕人，他上次還來這裡借車床，我覺得他很不錯呀。』他說：『不，不，麻煩得要命，我都頭痛死了！』我心裡想，H 老先生是一個很固執的人，不容易接受不同的工作方式。他認為大阪的模具廠不行，就把非常簡單的模型都送到東京去做。可見，問題是出在他身上。於是，我對他說：『既然中尾這麼讓你頭痛，那麼，能不能讓他來我的修理工廠工作呢？』老先生一聽，喜形於色：『你真的要他？我正為了如何甩掉這顆燙手山芋而煩惱呢，拜託！拜託！』就這樣，中尾進入了松下電器。」

松下 PHP 研究所是這樣評價這件事的：「世有伯樂，才有千里馬。一匹能跑一千里的名馬，若沒有碰到能賞識他的伯樂，那麼，這匹駿馬一定無所事事，白白糟蹋了一生。伯樂獲得了中尾先生這樣一位奇才，中尾先生的才能才得以展現出來。」

H 老闆把珠璣當頑石用給了松下幸之助，松下幸之助真是求之不得。平心而論，以中尾這樣的技術人才，當時若不是因為

「背時」，也不會「屈尊」來松下幸之助的工廠。

幸之助對中尾如獲至寶，他留住中尾的策略，不是給予高待遇，而是委以重要的技術工作。幸之助了解中尾的性格，中尾熱衷於高難複雜而又實實在在的技術工作。他不像當時有較高學歷的年輕人一樣野心勃勃，好高騖遠，渴望在政軍商界當風雲人物。

中尾果然不負幸之助的厚望，把交予他的工作做得很出色。這使幸之助篤信，中尾的人格是值得信賴的。果然，一年後中尾「跳槽」，證實了幸之助當初判斷的正確性。

這一天，中尾找到幸之助，說有話要講。接著就緘口沉默，很為難的樣子。幸之助鼓勵他把話說出來。

他說：「我想辭職，不知道如何開口向您說。」

幸之助深感意外，問道：「為什麼？」

中尾說：「我以前當學徒時追隨多年的老老闆，他的兒子打算重新開工廠，寫信懇求我回去幫忙。對您實在很抱歉，為了重振舊東家的基業，為報答老老闆對我的養育之恩，我應該義不容辭地去幫助他的兒子，以盡綿薄之力。」

幸之助與中尾相處一年，極為欣賞中尾的人品與才能，再說許多工作確實離不開中尾，實在不想放中尾走。但中尾是為報舊東家的舊恩，這是一種非常高尚的行為，應該為他慶賀才對。

因此，幸之助非但沒有挽留，反而為中尾開了盛大的歡送會。會場設在豪華的天滿橋野田屋餐廳，這是一場高規格的禮遇。

一九二四年十二月二十八日晚上，所有的員工齊聚一堂。戶外北風凜冽，室內溫暖如春。幸之助由衷稱讚中尾不計個人得失、報效舊東家的可貴品格。

幸之助說道：「我衷心預祝中尾輔佐舊東家基業成功！萬一工作不順利的話，絕不要轉到別的公司去，一定要以『埋骨在松下電器』的決心回來。到時候我們一定會以萬分喜悅之情歡迎你！」

中尾十分感動，噙著淚水說了一番感人肺腑的話。會場寂靜無聲，不少員工淚水潸然。

中尾戀戀不捨地去了東京。少東開的工廠，學徒和女工才十來人，規模很小。中尾挑起製作與銷售兩副擔子，一天到晚忙得不可開交。

中尾僅來過一封信，就不再聯繫了。幸之助自己也是個大忙人，漸漸把中尾的事淡忘了。

次年夏天，幸之助去東京聯絡處。聯絡處主任宮本說：「中尾來過這裡，這是他們工廠製作的收音機礦石檢波器，這是樣品，他希望我們幫他銷售。」

「啊，是中尾？ 他來過這裡？ 他現在過得如何？ 還稱心如

意嗎？」宮本的話，勾起幸之助對往事的回憶，他依然這麼懷念和關注中尾。

幸之助的問話，宮本無從回答。

於是幸之助說：「你盡可能幫他銷售吧！」

宮本按照幸之助的囑咐，跟中尾簽了銷售契約。宮本事後告訴幸之助：「中尾的少東開的是鐵工廠，生產一般的鐵質產品，因競爭激烈，經營不怎麼順利。中尾為了維持工廠的生存，研製了礦石檢波器，指望它能夠扭轉工廠的困境。」

中尾不愧是製造業的專家，這個透過松下電器銷售網推向市場的產品，極受歡迎，十分暢銷，大大緩解了少東工廠的燃眉之急。然而，當時收音機的普及率很低，礦石檢波器的需求量畢竟有限。光靠這一種產品，仍不能將工廠從困境中拯救出來。

為此，幸之助特地去中尾少東的工廠，了解他們的經營狀況，提供一些參考建議，為他們加油打氣。

中尾很感激幸之助，他做了不少努力，但工廠總不見起色。

這個時候，宮本直率地談了他的看法：「中尾為少東的事業費盡心血，仍不見好轉的跡象。資金不夠，員工等發薪水，工廠等買材料，前幾天中尾來借錢，那種窘迫樣子真叫人同情，我通融了他一點點。在這種情況下，中尾的心血是白費的，他的一身技術也無從發揮，真可惜啊！依我看，把中尾請回來吧！」

　　宮本的話確實有道理，幸之助問：「不知中尾本人的意願如何？」

　　宮本說：「中尾一心要輔佐少東成功，但總不能如願，他現在進退兩難了。依中尾的性格，他好像有要與少東工廠榮辱共存、拚死到底的樣子，這不是太可惜了嗎？」

　　幸之助也為中尾深表惋惜，但更為中尾的效忠感到敬佩。

　　幸之助說：「你們彼此交換意見試試看。中尾是個很可靠的人，我夢寐以求有這樣的人為松下電器效力。但是把中尾挖回來，他少東的工廠豈不是更加困難？再說，中尾自己恐怕也不忍心未見成功就一走了之。不管怎麼說，我們不能違逆中尾的意願。」

　　幸之助又一次去東京聯絡處，宮本開門見山地說：「我已跟中尾交換了意見。中尾說：『能回松下電器做老本行，自然很好。可現在工廠這種狀況，我放心不下，恐怕要辜負松下先生的一番好意。我至少要留下來，直至工廠經營穩定為止。對於少東的工廠，我是負有責任的。』」

　　中尾還說：『如果我有一天能回松下電器，一定是少東的工廠經營良好，不再需要我了。那個時候，我想老老闆也一定會讓我走的。我也有意回松下電器，好好報答松下先生對我的厚愛。現在雖想回去，卻是不能的啊！』」

　　幸之助感動之極，久久不語。

宮本說：「老闆，我有一個想法，不知是否妥當？為了使中尾少東的工廠穩定，乾脆把分散在大阪的鐵器零配件，全部包給他們工廠做，不是很好嗎？這樣的話，工廠就會走向正軌，進而再改成松下電器的附屬廠。那位少東我看也是滿能幹的，只要資金訂單有保障，他就能經營好這家工廠。到時候，我們就可以請中尾回來繼續發揮他的專長了。這樣，對中尾有好處，對他少東也有好處，對老闆您更有好處，不是嗎？」

經過三方協商，事情圓滿解決。

一九二七年一月十日，中尾哲二郎終於又回到松下電器。這一天，也正是電熱部成立的日子。中尾被委任為電熱部產品開發及生產的負責人。負責經營及銷售的是武久逸郎。武久也是被幸之助視為人才並邀請來松下電器工作的。

武久是幸之助的朋友，他的人生經歷跟幸之助相仿。他從小在米店當學徒，經過多年磨練後，自立門戶，在大開路開了一家小小的米店。

因行業不同，加上幸之助從不過問柴米油鹽之類的家務事，兩家相隔不遠，相識卻很晚。待後來幸之助出任區衛生檢查員時，武久也是衛生檢查員。交談之下才知兩人的人生經歷相仿，他們當學徒的時間相近，年齡也差不多，獨立做生意的時間也差不多。

同住一條街，同是街區選出來的衛生檢查員，倆人一見如

故，談話很投緣，成為至交密友。

武久跟幸之助一樣，被街區的人視為成功人士，他做了五年生意，已擁有五萬元的積蓄。武久身強體健，生性好動，不滿足只當零售米店的小老闆。這種不安分的天性，跟松下幸之助很相似。求變，才有可能發展，可如何發展，武久則感到迷茫。

武久找幸之助商量，說他有五萬元資金，打算開一家批發米店，不知是否可行。

幸之助的父親是做糧食放空生意而破產的，他覺得武久做米的批發生意，多少帶有放空的成分，所以不太贊成。

武久又提出辦一家計程車行，自己出資買車，僱用司機來開，是一個極時髦又風光的行業。那時汽車保險業務還未展開，汽車及行人的安全，全掌握在司機的方向盤上，風險頗大，對此，幸之助請武久三思而行。

倆人聚在一起，既討論武久的發展，又談論松下電器的發展，松下電器的發展是有目共睹的，幾乎一年上一個台階，加之是時髦行業，武久的興趣漸漸轉到松下電器上。

武久豔羨地說道：「我要是能進入你這行業就好了，用不著為如何發展大傷腦筋，我會放手大膽地去做。」

當時電器界已開發出電熨斗、電爐等電熱產品，受到市場歡迎，發展前景看好。

於是幸之助說：「你不是常說要進入電器行業嗎？ 如果決心已定，你可加入我即將成立的電熱部。電熱部名義上屬於松下電器的產業，但你私底下可出一部分資金參股，共同經營，共同得利。技術方面你不用操心，我們有一位十分可靠又能幹的工程師中尾哲二郎，已經談妥請他來擔任電熱部產品開發製造的負責人。」

武久躍躍欲試，立即答應加盟。

幸之助說：「既然你忠心不二，我們就這樣談妥了。我們是老朋友，我相信你的為人與才幹，你就擔任電熱部經理，全權負責，遇事多跟中尾商量。我有老行業配線器具，還有電池車燈。電熱部的具體事務，我就不插手了。」

自松下電器創業以來，所有的負責人都是從基層做起，一步步往上爬的。中尾提升雖快，卻是經歷過嚴峻考驗的。武久一步登天，可見幸之助對他的器重與厚望，幸之助是把他當作成熟且成功的經營人才看待的。

一九二七年一月十日，武久走馬上任，輔佐他的是怪才中尾哲二郎。

中尾推出的第一個電熱樣品是「超級電熨斗」。

幸之助對中尾苦心研製的樣品十分滿意。松下幸之助本身就是發明家，他以行家的眼光百般挑剔，最後只說了一個字：「行！」可見中尾的設計已是無懈可擊。剩下的問題是生產銷售。

市面上有名氣的電熨斗，有東京的 MI 牌、大阪的 NI 牌、京都的 OI 牌等。松下的超級電熨斗屬後來者。

問題是電熨斗的市場潛力已不大，據市場估測，全國的年銷量還不到十萬個，除了上述三大生產廠家，還有眾多的小廠出品；另外，西方工業國家也紛紛將電熨斗打入日本市場。這樣，每家製造廠的年產量是很有限的。至於價格，通常由三大廠家來定，它們均吃不飽，因此價格定得很高。

松下電器要想後來者居上，只能走「品質比別人優良，價格比別人低廉」的路線。中尾的樣品，是在別人的基礎上改良的，自然勝人一籌。價格要低廉，最可行的辦法是大批量生產，數量多，才能做薄利多銷。可產出多了，市場消化得了嗎？

幸之助已有炮彈型車燈的銷售經驗。因價廉，使得電池燈由奢侈品降為大眾品，買的人多，產量自然就大。目前，電熨斗只有富有家庭才使用，若價廉，就會進入平民百姓家庭，這是個很大的潛在市場！

幸之助定下總方針：「價格一定要比別家的便宜三成以上。品質一定要比別家好。產量不必擔心，如果月產一萬個才能便宜三成，就生產一萬個；如果非得月產一萬五千個，就大膽生產一萬五千個。」

中尾經過核算，只需月產一萬個就能降價三成。當時全日本的年需求量不到十萬個，松下電器一家的年產就超出十萬個，

這需要冒很大的風險,在別人看來,這無疑是發瘋。只有松下幸之助才有這份聰明、這等氣魄!

超級電熨斗與方形電池車燈同時問世,也被冠以「國際牌」,批發給代理商的價格是一個一點八元,零售價是三點二元。

一九二七年四月,「國際牌」車燈與電熨斗雙雙推向市場,石破天驚!

銷售結果:方形車燈月銷三萬個,電池月銷十萬個;電熨斗月銷一萬個。方形車燈無人競爭。「國際牌」電熨斗從同類產品中脫穎而出,一枝獨秀,雄霸市場。

經濟史學家評論:

松下幸之助開發電熨斗的貢獻在於,他自覺地成功實現了奢侈產品大眾化,從而使更多的一般消費者受益。毋庸置疑,松下電器的電熱部是很大的盈利部門——同行業的電熨斗製造商是這麼認為的,負責人武久和中尾是這麼認為的,松下電器的員工是這麼認為的,松下幸之助本人同樣是這麼認為的!

幸之助只制定經營策略,具體事務由武久與中尾負責。

中尾是沉迷專業的實幹家,拋頭露面的事全由武久來做。武久在松下電器的聲譽日隆,有人說:武久是繼松下老闆之後的又一經營全才。幸之助自己也認為武久人才難得。

定期結算，卻發現虧損。財務認為是計算錯誤，再認真核算一遍，真的虧損了！損益報表交到幸之助手裡，幸之助第一反應是：怎麼會呢？武久也不相信，但的的確確虧損了啊！

幸之助最先反省，錯在哪裡呢？是當初計劃得太草率？是定價不合理？是生產成本偏高？是日常消耗過大？

最後松下幸之助確定問題的癥結點在於：經營策略沒錯，但在執行中發生偏差，漏洞頗多，武久要負主要責任。武久整天呆愣著，始終解不開這個疑團。

怎麼會虧損呢？幸之助要武久對管理進行回顧反思，武久不知所云，一臉茫然。做錯而不知錯在哪裡，這是很令人擔憂的。

幸之助深刻檢討自己的用人之道：高估了武久的經營才能。

俗話說：隔行如隔山。武久是開米店的，他對電器行業完全是外行，兩者的複雜程度，絕不可同日而語。就算武久是可塑之才，也該先讓他當下手，熟悉過程。可自己一下子就委以武久全權負責的重任，不是草率冒失，就是幼稚無知！

幸之助經過痛苦反省，擬定拯救措施：

電熱部不宜共同經營，今後由松下幸之助直接管理；經營態度非澈底認真不可。

幸之助把武久請到自己的寓所，心平氣和地說道：

「武久，電熱部虧損，主要責任在我，我不該把經營的主要責任交給外行的你，這是電熱部虧損的根本原因。按理，電熱部是新開發部門，我應該投入全部精力，可我卻沒做到這點。你我是朋友，有些話我也不妨直說，你很努力，但你不適合從事製造業。我想跟你商量，過去的事，就不要再去想它，電熱部由我來一手接辦，虧損的部分全部由我擔下。你還是回去經營米店，你是這方面的專家，一定會興旺發達的。不知你意見如何？」

武久激動地說道：「蒙您抬舉，我有機會參與經營，卻造成了虧損，我內心很沉重，也很抱歉，我願意退出經營。可是，我總捨不得與你的事業分離，再說就這麼回去，我在社會上很沒面子。」

兩人久久地沉默。幸之助又說道：「電器確實是很有希望的行業，你不滿足於經營米店，所以我才成全你的心願。可是，我看到電熱部的經營才感覺到，光憑心願來經營事業是不行的。我們雖不共同經營，可我們的友情仍在。武久，你如果真對松下電器有著難捨的情感，我是很高興的，那麼你就做松下電器的一般職員如何？你已經是一位成功的米行商人，叫你當普通職員，實在是委屈你了。可是，松下電器的員工，都是從頭做起的，我別無他法。請你三思再做決斷吧！」

第二天凌晨，天還沒亮，街寂人靜。武久披著衣裳，急匆匆跑到幸之助家。

　　幸之助正在睡夢中，聽到敲門聲，心想是誰呢？幸之助有失眠症，好不容易睡著，最討厭別人吵醒。

　　那人繼續敲，幸之助不由自主地站起來叫道：「是武久嗎？」趕忙跑去開門，果然是武久。

　　武久急切道：「昨天談的事，我一整夜沒睡，終於下了決心，我願意來松下電器當基層職員，所以趕快跑過來把這個決定告訴您，請多多指教！」

　　幸之助看著武久的眼睛，紅紅的，真的一夜沒睡。武久是做了多年老闆的人，下這樣的決心，可真不容易。

　　幸之助緊緊地握住武久的手：「歡迎你，武久，你真了不起！我失去了共同經營的夥伴，可我卻得到了值得信賴的部屬！」

　　松下幸之助以真情感召了武久，武久終於屈尊以普通職員的身分再次進入松下電器。考慮到他做買賣的專長，幸之助派他到營業部。武久在那裡做得不錯，慢慢地升為營業部部長。

　　武久的故事，彰顯了松下幸之助的用人之道。

加快發展步伐

名刀是由名匠不斷鍛鍊而成的，同樣的，人才的培養也要經過千錘百鍊。

——松下幸之助

獨家經營創新電器

一九二五至一九二六年，松下電器經營還是很順利。不論
是做生意或經營工廠，有了自信以後，自然會產生身為企業家的
理想和人生觀。

幸之助不禁開始問自己，現在執行的經營方針是否適當？
有沒有更好的經營方針？員工的從業精神是否適當？此外，跟
經銷店的交易條件和售價決定等等，也要做進一步的檢討。

滿足於現狀，幸之助覺得是不妥當的。

幸之助在以上各項目中發現了許多缺點。其中有一項是：電
池燈的銷售權雖然賣給了山本商店，但對他們的銷售方法，松下
幸之助一直很有意見。

這麼一來，問題就產生了。山本認為，幸之助只要專心製
造產品即可，銷售權已經由山本買下了，銷售方針當然是由山本
來決定。

幸之助向山本提供建議，自信心強烈又很會做生意的山本
不但不領情，反而還引起他的憤慨。

松下電器與山本商店之間的交易額已達到每月五萬元之
多，可以說是互利互惠，共享利潤。可是銷售的方針雙方卻意見
相左，常常辯論。

由於都能保持紳士風度，站在顧慮對方利益的觀點辯論，

所以沒有傷過感情。可是，問題並不會到此為止。

　　日子越久，提出的意見越多，幸之助就越相信自己的看法是對的。現在，幸之助決定把這個意見具體地說出來：起初雙方都認為，電池燈只不過一時流行罷了。但經過了兩年之後，觀察它的需要情況以及實用性，可以斷定這不是一時流行的商品，而是具有實用價值的永久性商品。

　　因此，幸之助認為他們不能因為現在仍然很暢銷就安心，目前暢銷是因為沒有競爭品，既然是永久性的東西，就得有長久之計。也就是，定價要降低，產品也要改良才行。

　　可是山本卻認為：「本來，這個電池燈不是壽命很長的商品。就算有永久性，也不該由商人來決定。松下電器是製造商，當然會以為那是永久產品，從生意角度上來看，從自己付出權利金三萬元的觀點來看，應該是依照三五年之間能夠收支平衡為目標，才是正規的做法。因此，定價的高低或交易的條件，也要以此為基準。如果真如你所說，這種東西可以暢銷一二十年，我是無法同意的。」

　　如果從商人的角度出發，幸之助認為山本的做法無可非議，但他還是和山本在一邊激辯、一邊合作的狀態下，繼續他們的交易。

　　在買回電池燈的銷售權問題上，幸之助和山本的意見對立，一直僵持著，他倆都認為自己的看法正確，但雙方均沒有意

氣用事。幸之助認為會產生不同見解的根本原因，在於各自經營的方式相異，也就是做生意的觀點不一樣，所以誰也無法說服誰。

於是他想：現在的交易，只好順著山本的意願去做，但幸之助仍然相信自己的方針是對的。

當時，正有一個設計中的角形燈。事先講好交給山本銷售，既然意見分歧，幸之助認為還是由自己銷售比較好。幸之助把自己的意見告訴山本，請求他的諒解。強硬的山本怎麼也不肯答應。他說在合約三年期間內，他不答應幸之助自己銷售。

山本回答說：「不論如何，不限於電器企業，你要銷售任何一部分，我都會反對到底。合約到期以後要怎麼賣，那是你的自由。在目前，不論如何，我不同意。」

山本怎麼也不肯讓步。

幸之助感到很為難，也很佩服山本的堅強意志。他繼續說：「合約到期之後，我們當然可以自由銷售，我松下幸之助絕不是那種不顧情面的人。不論合約如何，我仍然希望我們能夠繼續合作下去，只限定在電器企業方面，我想利用角形燈來實踐松下電器的方針實踐，特別請你同意。」

「你花了那麼多天的工夫想要說服我，我可以同意，但是，你要付補償款。」

「多少補償款呢？」

「一萬元。」

這真把松下幸之助嚇了一跳。角形燈仍在試用階段，前途仍是未知數。尤其是在炮彈型車燈全盛的當時，更不可能會暢銷，連能不能有銷路都是一個未知數。一萬元的補償款，跟電池燈的銷售權三萬元相比，實在是故意刁難。

像這樣旁若無人、下大賭注的作風是山本偉大的地方，也是他的本事。一般人的想法是，包銷炮彈型車燈已經賺了不少的錢，新型燈是松下幸之助自己設計的，腳踏車車燈的部分繼續包給山本，只有在電器界才讓松下電器直接銷售，這樣一定是可以接受的。

可是山本卻並不那麼想。他的意思是，如果想直接銷售的話，何必僅限於小小的電器界，大大方方地在全國銷售不是更好嗎？不過，那得付一萬元的補償款。如果不願意，就別多說話，乖乖地等到合約到期吧！

山本一旦說出口就不肯更改。所以，幸之助只能在付一萬元的補償款、等合約到期和中止合約三者擇一而行。中止合約，幸之助覺得可惜。等到期滿，這是合理合法，沒有什麼問題的。只是，在情誼上幸之助不喜歡那樣做。

那麼，炮彈型車燈照舊給山本銷售權，松下電器要賣角形燈，就只好付一萬元補償款給他了。當時的一萬元是相當大的數目，尤其這項新產品剛設計好，是好是壞誰也無法保證。

可是，幸之助跟山本的交易又要繼續，為了這兩個目的，幸之助願意付一萬元補償款，他對山本說：「好吧，依照你的話，我願意付一萬元補償款。」

山本對幸之助的決定感到相當意外：「松下，你是認真的嗎？ 那可是一萬元啊！」

「不錯，我答應了。」

終於決定由幸之助銷售角形燈，也就是現在的「國際燈」。

角形燈一經上市，幸之助希望自己的新產品能成為國民的必需品。

花了一萬元代價才拿回銷售的東西，幸之助當然非拚命不可。他開始動腦筋，如何宣傳才能傳達到每一個角落。事前他先檢驗新燈是否實用，結果令他非常滿意。

他下定決心說：「好，既然十分實用，我就要澈底地加強宣傳。」方案是，把一萬個角形燈免費提供給市場。當時的售價是一個一點二五元。幸之助要把一萬個角形燈免費散發在市場，可見下了多麼大的決心。松下電器後來規模更大，卻再也不敢冒這麼大的險。

當時，角形燈號稱由松下電器製造，其實松下電器只做燈箱而已；消耗品的電池，松下電器並沒有，都是由岡田乾電池工廠製造的。岡田乾電池工廠是松下電器製造炮彈型電池燈以來的老主顧。

　　既然要散發一萬個燈，就得附上電池。幸之助打算叫岡田乾電池免費提供電池。方針既定，幸之助立刻到東京去，找岡田交涉。

　　幸之助把角形燈拿給岡田看，然後對他說：「我要在上面冠上『國際』之名，大大地推銷，最初的宣傳方法是免費贈送一萬個，我希望您能夠免費提供一萬個電池。」

　　愛喝酒的岡田，以酒代替晚餐，邊喝邊聽，他看著幸之助不說話。

　　他太太從旁插嘴說：「松下先生，我們聽不懂，能不能請您再說一遍？」

　　幸之助只好再說一遍：「為了宣傳，需要免費贈送一萬個新燈，請您免費送我一萬個電池，一起散發。」

　　「您說什麼？免費？一萬個？」岡田感到驚訝、意外。

　　這也難怪，幸之助的計畫是破天荒的。

　　岡田又說：「松下先生，那不會太過分了嗎？」

　　幸之助告訴他：「岡田先生，您吃驚是必然的。可是，我現在十分有把握，所以敢這麼做。但我不會向您白拿，我們可附帶條件。現在是四月，我保證在年底以前賣出二十萬個。到時候，請您贈送一萬個給我。如果賣不到二十萬個，您就一個也不給。我有信心，所以我敢先向您要免費的一萬個。怎麼樣？」

岡田夫婦都笑著說：「松下先生，您真了不起！我們做生意十五年來，從沒有人敢這樣談生意。好吧！今年之內銷售二十萬個的話，就贈送一萬個給您。」

「謝謝，我這就回去按計畫進行。」

這個銷售計畫，岡田不但十分了解，他還十分贊成。從此以後，岡田對松下幸之助有了特別的好感。

幸之助按照計畫，很大方地免費贈送。可是怎麼送他也送不完，一萬個的數目並不少。一個一點二五元的東西，沒有人敢開口要兩三個。就是有人開口，幸之助也不會給，每家只能給一個。樣品送到一千個左右的時候，已經接二連三地有人來找幸之助訂購了。

幸之助只好把樣品當作商品寄給他們，短期內就獲得了市場認可。至那一年的十二月，幸之助遠遠超過預計銷售的二十萬個，而銷售了四十七萬個。

岡田感到很意外。從來不曾出門拜訪顧客的岡田，在隔年一月二日特地到大阪來，穿著禮服，帶著感謝狀和一萬個電池的貨來向幸之助拜年。

他說：「我真的嚇了一跳，做夢也沒有想到能賣出這麼多電池。我過去十五年間，看過許多人做許多計畫，多半都失敗。您來談計畫的時候，我心裡也很擔心，我想大概不會成功吧！真沒想到，您能銷售這麼多，這真是我國電池界的空前紀錄！」

　　岡田感激的口氣，使幸之助覺得比領到一萬個電池還要高興百倍！

　　十五年後，乾電池的銷售量每月增加了三十萬個。這數目是當時無法想像的。幸之助覺得不能把這個龐大的數目拿給岡田看，是一件很遺憾的事。

　　電熱部門的國際燈就這樣銷售出去了。

　　一九二八年，銷售量更是大大增加，乾電池的生產卻始終跟不上，幸之助為了幫岡田乾電池加油，也花了很多力氣。

　　松下電器十分了解電池燈的實用性，所以能預測來年的增產量。跟市場沒有直接接觸的岡田，還以為電池燈是一時流行的東西，不敢擴大工廠設備，所以產量一直不夠。

　　一九二七至一九二八年期間，幸之助夜以繼日地為岡田乾電池打氣。結果，電池燈的銷路顯著地增加，至一九二八年年底，月銷電池燈增加了三萬個、電池增加了一萬個。全國各地都愛用國際燈，至此，國際燈第一階段的發售計畫，可以說已經有了成果。

　　從一九二七年開始，電暖器也慢慢走上軌道，電熨斗、電爐等有特色的產品，漸漸地被業界所認識。配線器具部也很順利地增加生產。在福島設置了第三工廠。至一九二七年年底，各部的銷售金額約一萬元，員工約三百人，不但為業界所知，也為大眾所矚目。

信譽獲得銀行支持

一九二七年銀行發生擠兌，松下電器的經營也受到很大影響。當時與松下電器有業務往來的銀行只有十五銀行一家，承擔大部分的貸款或貼現期票等業務。

發生擠兌的當時，松下電器收受貼現期票的金額有七八萬元，定期存款有三萬五千多元，加上一個月的銷售總金額和採購金額各一萬元左右。

由於幸之助與山本商店的交易，依照合約，是期票交易，所以，七八萬元的貼現期票，大部分是山本商店的。山本商店一向嚴守十五銀行的一行主義，雙方的交易都以十五銀行為中心，順暢地進行。

從兩三家銀行擠兌為起點，銀行不穩和財界動搖的氣氛越來越濃。有名的鈴木商店倒閉、川崎造船所經營困難等，新聞報導都是壞消息。

四月十八日，大阪有名的近江銀行，終於宣布停止兌現而關閉。因此，一般存款人都臉色變青。這麼一來，不只是大阪，全國的銀行都開始擠兌，幾乎沒有一家例外。

四月二十日，更加速擴大擠兌騷動。

政府和金融業者都到了窮途末路。存款人在那裡徘徊，不知如何是好。然而，資本基金有一億元、名列五大銀行之一的

十五銀行也宣布停止兌現，真是令人無法相信的事。

消息靈通人士卻很早就告訴幸之助：「十五銀行危險。」

當時幸之助聽了之後還半信半疑，十五銀行分行經理以及兩三個行員，都是自己熟悉的好朋友，實在不好意思把存款都取出來。在三心二意的觀望下，拖到二十一日早上，幸之助打開報紙一看，頭條標題寫著：十五銀行停止兌現。

「啊！」幸之助叫了一聲，接著又想：「到底還是不行啊！」好了，十五銀行關門了，不只是松下電器，就是山本商店也一樣吧，只好去跟山本商店商量對策。

這一天的報紙，全部都在報導十五銀行關閉和金融界吃緊的消息。

十五銀行關閉之後，擠兌騷動更加激烈。事到如今實在是無計可施，誰都沒有精神做事。

政府傷透了腦筋，至二十二日才發布《延期償付》的緊急令。

這才使得銀行業者和一般財界暫時鬆了一口氣。當時，到處都發生了憾事。其中最悲慘的是，有人因為連生存的錢都領不到而自殺，也有人發瘋了。其他還有事業的挫折、倒閉等。不景氣狀態當然越來越嚴重。

而幸之助卻認為，這是神對「歐戰期間，不自然而胡亂膨脹

的經濟界」的懲罰。

在這期間，松下電器一面要想辦法對付十五銀行的停止兌現，一面要想辦法開拓新的金融管道。最糟糕的是，十五銀行的貼現期票，轉交給日本銀行作為抵押，日本銀行向山本商店催繳，也向背書者松下電器催錢。

松下電器不能向銀行借貸，自己的存款也取不出來，還要負擔貼現期票的支付責任。不但得想辦法尋找新的資金，連不必支付的貼現期票債務也非處理不可，真是傷透了腦筋。

與松下電器來往最頻繁的十五銀行關閉了，作為備用的六十五銀行也關閉了，松下電器不得不找一家新的銀行。

非常幸運的是，松下電器和住友銀行西野田分行，剛在兩個月以前簽訂了貸款合約。這個合約讓幸之助終生難忘。自從西野田分行營業以後，他們常常向幸之助拉存款。

幸之助跟十五銀行交情很深，沒有認真考慮。西野田分行過了一年，仍然很有耐心地來拉存款。幸之助很佩服他們的耐性，有一次跟行員好好地談了話。那個行員叫伊藤，時間是一九二六年的年底。

「伊藤先生，您真有耐性。來的這麼頻繁，我真不好意思。您那麼熱心地勸誘，我說實話，我們和十五銀行有很深的交情，不但是為我們自己方便，就是我們的最大客戶山本商店，也是十五銀行最忠實的顧客，他一向遵守一行主義，為了交易上的方

便，不得不以十五銀行作為我們的中間人兼服務站。現在要我跟其他銀行交易，在人情上或實際上都有困難。住友銀行是一家有威信的銀行，您每次來我每次都拒絕，看到您來我非常不安，可是我無能為力。今後，請您不要再來，請多多原諒吧！讓您再白跑，實在是過意不去。」

伊藤卻回答說：「今天您把真心話說出來，我非常感激。您的立場的確是如此。據我看來，或根據我們的調查，我們相信，我行將來會更有發展的。目前也許十五銀行已經夠用，將來您的公司越做越大，再加上種種需求，就得再增加其他銀行才有利於業務開展，這是從我們的經驗可以斷定的。剛才仔細聽了您的話，我越相信，為了住友銀行，也為了松下電器的發展，我應該勸您開始和住友銀行交易才對。我今天是第八次來拜訪，勸您跟住友銀行交易是我的責任。今天您很忙，所以，不多打擾了，我一定要以自己的熱心和誠意，繼續努力。請您再考慮。」

「不行，不行，您那麼熱心，我很佩服。可是情況不允許，沒辦法就是沒辦法。跟您交易會刺激十五銀行，我是不得已才拒絕，請您以後別再來，不過，您以私人的身分來玩，我是很歡迎的。」

「那麼，我改天再來。」

過不了多久，伊藤又來了。他一再地央求幸之助趕快和他交易。這很奇怪，一旦與他坦誠地對話過一次後，就會對他產生

親切感，再加上他來過近十次，幸之助終於被打動了，這就是所謂的人情吧！

幸之助開始想，住友銀行是大阪唯一的在地銀行，如果松下電器跟他交易，信用絕對不會減少。

另外，松下電器雖然以十五銀行為主，可是跟六十五銀行也有交易，所以並不是嚴守一行主義。如果條件好的話，跟住友銀行開始交易也好。幸之助終於被說服了。

「伊藤，我輸了，只好向您投降。不過，要交易，我有條件，您能答應嗎？ 答應的話，我也願意開始跟你們交易。」

「您有什麼要求？ 請說說看，我能做到的一定盡量想辦法。」

「兩萬元以內的金額，你們能不能隨時借給我周轉？ 沒有這種便利的話，跟你們交易就沒什麼用處。沒有特別的條件，我還是照舊跟老銀行來往比較好。」

「住友銀行一貫的原則是：一旦信任誰，就會盡全力幫助誰。我相信必定能夠令您滿意。但是，要借錢之前，必須先有存款實績，所以請您趕快交易。」

「伊藤，那可不成，要開始交易沒有問題。問題是，開始之前能不能先借我兩萬元。可以的話，今天就開始。」

伊藤怎麼也不肯答應。他說：「這樣的條件，我們很為難。」

「可能很為難。但是，你們既然看得起我，想來勸誘我，就應該要有這種度量才行。」幸之助也難得拿定了主意，「您不用急，回去跟分行經理商量商量，只要你們能答應，我們就開始交易。今天您就先回去吧！」

伊藤很頭痛，講了一些銀行的交易原則之後回去了。過了四五天，他又來了。說：「松下先生，我跟經理商量好了。經理說，松下先生的意思他很明白，請趕快交易。貸款的事，一定不會讓您失望的，不過，您先交易三四個月，到時候一定遵守承諾。」

「伊藤，那是不行的。您經理的意見，不是跟您那天講的一樣嗎？如果我會接受這種方式的話，上次我就直接答應了。何必再聽您經理重複一遍呢？先交易三四個月看看，然後再通融，這對我來說沒有一點用處，我認為不必要。您相信我才來找我的，為什麼不能先貸款呢？」

「松下先生，您的話很有道理。只是，住友銀行對無論多麼有信用的商行，從沒有先貸款後交易的先例。只要先交易，請您相信我，我們會盡快使您滿意。」

伊藤再三反覆說同樣的話。於是幸之助說：「伊藤，那樣我是不願意的。既然講信用，交易前貸款和交易後貸款我認為是一樣的。你們不肯接受我的條件，我認為這就是不信任我。我不急，請你們做一次澈底的調查。我也願意說實話，如果你們認為

可以，就請讓我約定貸款，發現不妥當，你們可以不貸，我不會提出異議，這一點請放心。您再回去跟經理商量吧！如果有必要，我可以直接和經理談一談。」

幸之助的想法是，不論是多麼大的銀行，交易必定有信用才能成立。事前調查可以了解可信度。在這範圍以內約定貸款，為什麼不行呢？就連自己這個小小的松下電器，只要自己認為沒問題，都敢一開始就借出五千元或一萬元。

為什麼住友銀行不能約定貸款呢，幸之助認為，不肯約定就等於不信任。果真是這樣的話，又何必交易呢？如果經理來了，幸之助就把這個道理說給他聽。

後來，可能伊藤把這個問題向經理說得很明白，當時的竹田經理打電話找幸之助，要跟幸之助當面談，於是幸之助第一次到銀行去。見面相談之後，幸之助發現，竹田經理是一位很有見識的人。他說幸之助的意見他已經完全明白了。

「這是完全沒有前例的事，不能由我一個人決定，我認為您的話有道理，所以，我要跟本行商量，然後再跟你們約定。不過，在這以前，依照您的意見，我們要先做一次調查。」

幸之助聽了，覺得這才像話，立刻回答道：「我樂意接受調查，我會盡量說實話。」如此，才進入了具體的交易。

幸之助告辭時，竹田經理說：「松下先生，我很佩服您的一套道理。我在銀行服務了很久，從沒有遇到未交易先貸款的客

戶。我會盡力而為。」

　　聽了這句話，幸之助心裡感到很得意。同時也覺得，住友銀行的作風雖然踏實，卻也有人情味。心想，如果這個條件他們不肯答應的話，以後也不必跟他們交易了。經過調查，加上分行經理奔走，終於空前破例地約定幸之助隨時可以貸款兩千元。

　　就這樣，住友銀行開始了跟松下電器的來往。交易開始兩個月後，發生銀行擠兌。雖然有約在先，松下電器仍沒有向住友借錢。一方面，幸之助以為住友銀行在這一段時期一定也有困難；另一方面，松下電器還過得去。

　　直至十五銀行關閉之後，金融管道斷絕了，但為了慎重起見，幸之助先打電話問住友銀行，是不是可以按照約定貸款。

　　住友銀行回答說：「目前並沒有發生非變更約定不可的情況。因此，依照約定請隨時來貸款。」

　　幸之助聽了很高興，也感到很羞愧。他原以為住友銀行在這個困難時期，一定不會履行諾言的。

　　可是人家說到做到，毫不背信。這個約定可算是幸之助的好運。住友銀行救了他，這也是他終生難忘的大事之一。

　　那次以後，幸之助和住友銀行的交易越來越多，他也堅守一行主義。一方面是依賴住友銀行的支持之處甚大，一方面也表示他對當初分行經理竹田的感激。

在經濟蕭條中崛起

至一九二九年，松下電器已經擁有三處工廠，全體員工已增加至三百多人，而且還在繼續成長中。

這時，幸之助開始建設一個營業所和一個大工廠。

一九三〇年五月，建築工程完工，同時完成遷入，從此進入了松下電器第二個階段的活躍期，在業界開拓了切實穩固的地位。

突破空前的不景氣，新的工廠建好之後，松下電器繼續揚帆前進。一九二九年、一九三〇年是全世界最不景氣的時候，松下電器的發展卻更為業界所矚目。可是，就在這一年的七月，濱口內閣成立的同時，政府採取了緊縮政策。

到了財政部長計劃「黃金解禁」的時候，財經界一天比一天萎縮，不景氣的情況更加明顯了。

十一月，大家所恐懼的黃金解禁終於公布。這雖然是預料中的事情，還是引起了財經界激烈的混亂。不但物價下跌，而且銷售量也顯著地減退。報紙每天都報導各工廠縮小或關閉的消息，還有員工減薪及解僱，產生了很多勞資糾紛。財經界的不穩定，帶來了社會不安定，情況越來越嚴重。

這段時期，幸之助卻躺在病床上。

十一月至十二月，不景氣狀況更加惡化。松下電器也和其

他產品一樣，銷售額劇減。至十二月底，倉庫裡已經堆滿了滯銷品。更糟的是工廠創建不久，資金短缺，更感覺困難。若情況持續下去，不久之後，只有倒閉一途了。

為了要應付銷售額減少一半的危險，生產量也只好隨著減少一半，同時員工也要減少一半。就在這個緊要關頭，身為老闆的幸之助卻又偏偏躺在病床上。

主治醫生交代從十二月二十日起，要他到西宮養病。替他看管工廠的井植和武久花了很多心思來考量如何善後。他們商定，為了打開目前的窘困狀態，只好先裁減一半的員工。

當幸之助聽到這個結論時，說也奇怪，精神突然振奮起來，想到了一個好主意。

幸之助告訴他們：「生產額立刻減半，但員工一個也不許解僱。工廠勤務時間減為半天，但員工的薪資全額給付，不減薪。不過，員工得全力銷售庫存品。用這個方法，先渡過難關，靜候時局轉變。照這種方法行事，我們也可因而獲得資金，免於倒閉。至於半天薪水的損失是個小問題。如何使員工有『工廠為家』觀念才是最重要的。所以，任何員工都必須照舊僱用，不得解僱一個。」

聽了幸之助的話以後，井植和武久很高興地表示：「我們一定將您的意思傳達給員工，並且遵照您的意思行事。請您安心養病，毋須掛慮。」

　　他們回去之後，便集合全體員工，將幸之助的意思傳達下去，並表示將按幸之助既定的計畫行事。員工聽後欣然表示，願盡全力銷售公司庫存。

　　令人吃驚的是，公司所生產的產品，由於員工的傾力推銷，不但沒有滯銷，反倒造成生產量不夠銷售的現象，創下公司歷年來最大的銷售額，解決了公司的危機。

　　在此期間，幸之助每天都在西宮的養病所聽取經營狀況的簡報。一方面，想到員工努力將庫存品銷售出去的情景，感到欣慰極了；另一方面，他也對於自己的正確判斷感到相當滿意。

　　養病所附近有弘法大師從唐代中國帶回來的「試運石」……他把自己的願望向神明說清楚，然後試著抬起。說也奇怪，平時最沒有力氣的幸之助，這時卻發生了不可思議的奇蹟，竟輕鬆地將石頭抬起來了。幸之助雖然不迷信，但他願意把自己能夠抬起「試運石」這件事當作吉兆。

　　一九三〇年的不景氣，絲毫沒有影響松下幸之助，反叫躺在療養所遙控指揮的他能夠有機會創建松下電器第五、第六個工廠。同年七月病癒後，幸之助回到公司上班。

　　首先，他到從未見過的第五、第六新工廠巡視。當他看到每一個員工，上上下下非常有幹勁地工作，欣慰、感激之情油然而生。這種交錯複雜的情感，實在不是三言兩語所能形容的。松下電器的「指導信念」，確立於每個員工的心中。

不景氣中的松下電器依上述的方針，不但很漂亮地突破經濟不景氣，更繼續不斷向前邁進，經營業績蒸蒸日上。然而，一般的社會人士卻隨濱口內閣的緊縮政策而停止了腳步，以致經濟越來越蕭條、困窘情況越來越糟糕。

政府各機關紛紛停用汽車，以身作則，為民表率，勸導社會大眾配合政府的緊縮政策，一切節約，共渡難關。

可是，大企業、工商大財團跟隨政府實行緊縮政策，不但無法解決經濟不景氣的危機，反倒造成經濟蕭條，收支越來越不平衡，也促使失業率上升，導致社會不安定。

大家都不建房子，木匠就沒有工作做，只好遊手好閒過日子，成為政府緊縮政策下的犧牲品。由於政府的緊縮政策，造成本來有工作的人失業了，剛從學校畢業的學生也找不到工作。

如此惡性循環，人心便越加惶恐，社會也跟著動盪不安。在幸之助看來，政府的緊縮政策才是經濟不景氣的罪魁禍首。

幸之助對這種政策感到很遺憾。他認為蕭條景象如果持續下去的話，會讓日本的產業無法進展。他認為站在領導地位的人，應在此時刻，分秒必爭地為使日本繁榮而賣力才對。

為了達到繁榮的目的，應該擴大內需。本來走路的地方，要改騎腳踏車。本來騎腳踏車的地方，要改開汽車。

如果借此提高活動效率，那麼東西用得越多越好，這樣才能促進新舊產品的更新循環，工業技術才會更加提升，才能消除

不景氣，實現繁榮日本的目標，國民才會有朝氣、有幹勁，國家才會富強。

然而，政府所採取的緊縮政策，卻造成了相反的結果。對於一向不懂學術理論的松下幸之助而言，這實在是一件令他費解的事。多虧當時松下電器採取了相反的方法。否則的話，他自己也會被捲入漩渦裡去的。

松下電器並沒有自用汽車，當年的八月，有一位汽車推銷員找到幸之助，勸他買車。說：「在此緊縮時代，汽車根本賣不出去。政府機關有三輛汽車，現在要改為兩輛。我們本來是推銷新車的，現在卻變成收購政府的舊車。經濟不景氣，實在令我們非常頭痛。松下先生，在這種情形下您的生意反倒做得很好，所以請幫幫忙，救救我們，買一輛吧！」

幸之助從未想過要買汽車來代步。因為覺得自己的身分還不夠。當時在大阪有汽車的公司屈指可數，何況像他這種獨資經營的小工廠呢！幸之助做夢也沒想過要買車子。

可是此刻，他卻突然心血來潮，想要買車。外國人苦心研究、製造了便利的汽車，這麼好的文明工具，輸入到日本後竟無人使用，他認為是十分可惜的事。

當時美國連員工都有車子，婦女能冠冕堂皇地開車；公司職員夫妻一起開車上班；先生上班之後，太太開車到市場買菜。汽車如此普及，日本的大官是東奔西走的大人物，卻要減少汽車，

這不是開倒車嗎？

緊縮政策絕不可能帶來繁榮。要使國家經濟發展，工商企業突飛猛進，一定要「生產再生產，消費再消費」才行。

想到這裡，幸之助便下定決心要買汽車。在此不景氣、東西剩下很多的時代，為什麼要緊縮？有能力買東西的人，應該多多買東西。

於是他說：「好吧！我買。我之前一直認為自己還不夠資格坐車，可是現在卻覺得，在此不景氣時期，買汽車是對的。但是，我還窮，請您以最低價格賣給我。」

結果，對方也很乾脆地說：「定價一萬五千元的大型汽車，打對折賣給您好了。」

的確是相當便宜，可是幸之助說：「在這樣不景氣的時期，應該再更便宜一點。」

最後，松下幸之助以五千八百元的價格成交。第一次坐上汽車，讓向來騎腳踏車的幸之助大吃一驚。哇！車子真豪華，坐起來真舒適！他開車子到阪神公路兜風，突然覺得自己很威風也很偉大。

當時，有一位朋友對他說：「幸之助，我最近想要建房子。從去年開始，做了種種設計，也請人家估過價。可是像現在這樣不景氣的時候，政府以身作則，採取緊縮政策，一般國民也應節約響應才是，我建新房子，怕被人批評，想想暫時不要建算

了。」

幸之助把自己買汽車的信念告訴他：「你的想法不對。在如此不景氣的時候，像你這樣的資本家，更應該建房子。像你這樣的人不建的話，木工和泥水匠靠什麼生活呢？他們會埋怨不景氣，他們會更窮，以致無法維持生計。最後他們會責怪你們這些有錢人為什麼不建房子？你以為在這樣的時代建房子會被人批評嗎？那些批評者都是不明事理的人，你大可置之不理。如果你真想為社會做點事，就算被批評，也應該有犧牲的精神，泰然自若地接受批評好了。你能供給很多人工作的機會，又可建成很便宜的房子，這是一舉兩得的事情。我就是以這種想法，買了這一部新車。因為不景氣，大家都不願意買車，價格特別便宜。並且，由於不斷使用，節省時間，到處去做生意，工作效率提高了好多。便宜的價格、高速的工作效率，證明我的判斷沒有錯誤，我很高興自己買了這輛車子。」

聽了幸之助的話，朋友大為心動，決定不管別人的批評，一定要建房子。

松下幸之助認為，「消費」是有錢人處在不景氣時應做的事。

「國際牌」收音機問世

由於政府的經濟緊縮政策，經濟不景氣越來越嚴重。

松下電器的業績則沒受到太大影響。產品代理店得到進一

步擴大，以至於很多代理店都建議松下電器製造多元化產品。

幸之助本來就對收音機很關心，因為自己所使用的收音機常常故障。

有一天，他想要聽廣播節目，剛好碰上故障，這種常常出毛病的收音機讓他很生氣。

就在那時，幸之助開始冷靜地想：「體積這麼大的機器，為什麼不能做得牢固一點呢？收音機常常故障，彷彿是理所當然的，搬運過程中也會造成機器損傷，但我認為這是不行的。像收音機這麼簡單的機器，不應該那麼容易出毛病。如果在松下電器製造的話，行不行呢？」

於是幸之助開始叫店員去調查收音機的市場狀態。

調查的報告如下：

一、收音機是常常發生故障的機器，沒有專門技術，就沒有辦法做收音機的生意。

二、就算開始銷售收音機，售後服務也很麻煩。所以在零售店裡，非賣很高的價格不可。競爭相當激烈，要高價賣出是不容易的。這種生意不好做。

三、有些電器企業，因為收音機常常發生故障而被顧客罵，沒有信用。後來零售店就乾脆不賣收音機了。

四、批發商本來以為收音機利潤相當高。實際上，令人失

望的是，退還的商品很多，反而非常麻煩。如果故障不那麼多的話，收音機將是利潤很高的商品。

五、各製造商拚命地推出新型產品，一不小心，就會堆積一些賣不出去的過時品。這好像是一場流行貨品的戰爭，沒有安全性，是一種容易賺錢，也容易虧本的生意。

六、收音機是時代的寵兒，所以是非常具有發展性的。不過，非減少故障不可，如果松下電器能製造故障少的收音機，代理店都很願意經銷。

看了這個報告以後，幸之助一方面接受代理商的建議，一方面對自己收音機的故障懊惱不已，所以下定決心要在松下電器製造，滿足代理店的要求，也對業界有所貢獻。

於是幸之助開始擬訂計畫。

具體實施非常困難。無論如何，幸之助沒有一點製造收音機方面的常識。店員中也沒有一位具有這方面的專門技術。可是松下電器卻想要製造比人家更好的收音機，這不可能在短期之內完成。

幸之助後來想到一個折中辦法，那就是不由松下電器自己製造，找一家收音機做得最好的製造商，請它在松下電器的指導方針下，改良並製造出更好的收音機來。經過多方面的調查，終於找到一家信用和技術都很好的製造商。

這家製造商的老闆叫做 F。F 的產品在市面上是故障最少

的。幸之助便找他商量，F 對幸之助的作風相當了解，雙方很快達成了協議，也就是把 F 的工廠，以五萬元的價格收購組成一個股份公司，開始製造新產品。

利用松下電器的銷售網，盡全力把產品推銷出去。代理店都認為這是渴望已久的，所以非常放心地銷售。在宣傳方面，松下電器也投入了高額的廣告費。

結果出乎意料的糟糕。因為故障百出，退貨不斷增加。代理店裡有人很憤慨地說：「我們以為松下電器產品的品質一向有保障，這次卻糟糕透頂，讓我們信用掃地，還遭到顧客的數落。不但收音機的貨款收不到，連其他商品的貨款也收不到。我們實在被你害慘了。你到底打算如何賠償我們呢？」

幸之助覺得非常意外。他並不認為這些收音機是最理想的，可這是市面上故障率最低的。F 的產品就算有故障，其比例也該比一般產品低才對。

幸之助覺得意外是難以避免的。可是，當他看到眼前堆積如山的故障收音機，他無話可說了。信用掃地是一件很嚴重的事情，現金的虧損也相當嚴重。尤其令幸之助遺憾的是，他們十分有把握地向代理店推薦，代理店也很信賴他們，努力推銷他們的產品，最後卻是一切努力付諸東流。

幸之助感到很難受，可是事到如今，已經無法挽回了。他所能做的，只有著手去調查原因，做一次全盤檢討。

一向少有故障的 F 產品，為什麼由松下電器銷售以後，會
發生故障？到底是 F 的製造方法改變了，還是松下電器的銷售
方法有了缺陷？

調查的結果報告如下：

F 的製造方法完全沒有改變，技術人員都照舊工作，技術上
也沒有什麼不同的地方。只不過是生產量稍微增加罷了。故障的
原因不可能發生於製造過程中。

F 的經銷商和銷售方法，向來大多是透過收音機經銷店，或
者銷售收音機為主的電器企業。這些店對於收音機有更豐富的專
業知識。他們知道收音機很容易發生故障，所以要賣出以前，都
一個一個加以檢驗。如果查出問題，一定會自己先修好，然後才
交給顧客。所以幾乎沒有退貨給收音機工廠的。

松下電器的銷售網多半以電器企業為主，有收音機專門知
識的零售店比較少。他們不會像收音機經銷店那樣，先檢驗之後
才交給顧客。沒有經過檢驗，從箱子裡拿出來，打開開關看看，
能使用就以為沒有問題，不能使用就是故障品而退回。只要真空
管鬆一點，或是螺絲鬆了，就不能使用。

事到如今，該怎麼辦呢？按 F 工廠以前所銷售的那樣，光
賣給有技術的收音機經銷店，還是重新製造一種不必檢驗、非常
可靠的收音機，透過一般的電器企業去銷售？幸之助實在很難
做決定。

幸之助冷靜地思考這個問題。既然要在松下電器製造收音機，就應該製造能讓沒有技術的電器企業銷售的才有意義，否則寧可不製造、不經營，這就是幸之助的結論。

於是幸之助對 F 說：「今天的失敗，不是您的責任。原因是我沒有經過詳細考慮，就把收音機交給缺乏技術的松下電器代理店推銷，我也感到慚愧萬分。這點我覺得很對不起您。不過，由於這次的經驗，我才真正了解收音機界，反而更覺得責任重大，更堅定了我的信念。

不管付出多少代價、克服多少困難，都要依照當初的方針，製造不會故障的收音機。手錶這麼精細，都不會出問題，比起來像收音機那麼大的體積，應該可以再改良，使它成為絕對不會故障的東西，請您重新設計好不好？對於收音機，我是外行，可是我覺得現在的收音機尚未脫離玩具階段。今天的失敗，可以造就明天的成功。我們不要氣餒，我們應該拿出勇氣，向改良邁進，實現我們的理想。」

不知道是幸之助的自覺不夠，還是 F 的看法有問題，F 說事情沒有那麼簡單。

他說：「目前的收音機，沒有辦法做到絕對不故障的地步，如果大量生產的話，會造成不可收拾的後果。既然松下電器的銷售網不適宜經銷收音機，不如按照以前那樣，委託銷售收音機的專賣店賣出去比較安全。」

F 一再表示收音機是個很深奧的東西。

幸之助卻告訴他：「F 先生，您的想法錯了，您一直認為收音機是會故障的、很深奧的東西，這種先入為主的觀念本身就不對。那等於是對病人說，你的病非常嚴重，無法治癒。現在您的意思就如同給病人那樣的暗示。我們應該相信病是很輕的，很容易治好，要有這種觀念才對。同樣的道理，我們要把收音機當作構造簡單的東西，外形很大，裡面的零件亂糟糟的。只要把零件整頓一下，就能成為零缺點的東西，您本身要有這樣的觀念，同時要讓每一個員工都有這種觀念。不用多久，就能製造出理想的收音機了。」

F 聽了幸之助的話，嚇了一跳，說：「製造收音機如果像您所說的，像吃泡麵那麼簡單的話，任何製造商都不會那麼傷腦筋了。」

他怎麼也不明白幸之助的意思，不但不明白，甚至認為幸之助的腦袋有問題。

幸之助發現 F 面色不安。由於退貨導致巨大虧損，F 常常跑來找他，要求幸之助恢復以前的銷售方法。但是，幸之助的信念卻不因此而改變。

雙方經過一場和氣的研討之後，由幸之助負擔全部損失，F 回去自己獨立經營。今後各依各的方法獨立經營。

在這過程中，使幸之助感到高興的是，F 和他都能站在對方

的立場替對方考慮，沒有意氣用事，和和氣氣地達成協議。

　　現在一切都得從頭做起了。製造廠的虧損相當嚴重，但更嚴重的是松下電器的信用損傷，事到如今，非好好挽回信譽不可。

　　幸之助自力更生，向研究部門發出一項緊急命令，要他們排除萬難，設計出合乎理想的收音機。

　　松下電器研究部門只研究過一般電器用品，從來沒有研究過收音機。當然也沒有研究收音機的專門人才。當時研究部主任是中尾。

　　中尾接到這道命令後，找到幸之助，說：「松下電器研究部從來沒有研究過收音機。現在突然要我們設計理想的收音機，這有點困難。我們願意試試看，但是需要一段時間。」

　　幸之助把收音機銷售經過和現狀告訴他，然後說：「不能慢慢來。目前工作還在進行，工廠經營已由我們承接下來。跟Ｆ一起來的技術人員，全部跟Ｆ一起離去。目前工廠裡連一個技術員都沒有，儘管你們不願意，還是得由研究部門承接研究工作。你們都是優秀電器技術人員，收音機和電器不是一樣嗎？現在不是有很多業餘的收音機製造者嗎？

　　拿零件拼湊組合，也能成為一台性能優良的收音機。你們研究部門有很齊全的設備，市面上到處買得到收音機零件。為什麼不能在短期內設計出一台很好的收音機呢？你們有沒有絕對

能製造得出來的信心是關鍵所在。我相信你們一定做得到，希望你們努力去試，盡快完成任務。」

中尾聽幸之助這麼說，不敢表示推辭之意。只好回答：「我會想辦法的。」

後來，中尾彷彿有了堅強的信心。在短短三個月的期間裡，完成了與理想相當接近的收音機。

剛好這時候，碰到了日本廣播電視台舉辦組合收音機比賽。松下電器把剛試驗完成的產品送出去參加比賽，很榮幸地得到了第一名。這讓中尾嚇了一跳，幸之助也為此感到很驚訝。

很多前輩製造家一同參加比賽，沒想到竟是松下電器中了頭彩，這讓大家都感到非常意外。

但幸之助冷靜地一想，一點也不奇怪，是因為他和中尾非常認真，發揮了松下電器全體員工的熱誠，才促使這件事情成功的。事業的負責人隨時要懂得檢討過去，把握重點才能發展。

與其把事情看得很困難，不如把事情看得很容易，這樣才能夠成功。當然不是叫人輕視困難的一面。但是必須牢記於心：把產品推銷出去。

正如俗語所說「船到橋頭自然直」，松下電器終於製造出理想的收音機。幸之助先擬好大量銷售的計畫，然後邀請代理商參加他們新產品的展示會。

在席上，幸之助告訴大家：「請各位仔細看看，這是我們成功製造的，可使各位滿意的收音機。在廣播電台舉辦的設計比賽中，得到第一名的榮譽，可以說是目前最理想的收音機。這次保證不會再出任何紕漏，請各位加倍努力地銷售。」

經銷商對幸之助的韌性由衷地佩服，表示願意盡全力推銷，幸之助把新產品的銷售量和價格公布出來。出乎意料的是，代理店一齊表示反對，認為幸之助訂的價格太高。

「松下，這個價格我們賣不出去。『國際牌』收音機剛剛步入銷售市場，在收音機界尚未得到大家的認可，新賣出的產品一定得比別家便宜一成，你剛才所定的價格，比第一流製造商所製造的還要昂貴。」

很多代理店的經理都這樣說，因價格太貴而面露難色。

幸之助也知道自己公布的價格的確不便宜。按照松下電器傳統的方針，根據成本計算加上合理的利潤，如果賣得比別家便宜，將不敷成本。

由於政府的緊縮政策帶來業界不景氣，收音機界也跟著展開惡性競爭，造成賠本大拍賣，實在不是正當的好方法。幸之助認為價格太高或太低，從商業道德來看都是一種罪惡，對業界正當的發展而言，並沒有好處。

幸之助聽了代理店的反對之聲後，就利用這個機會，向大家闡述他平常相信的原則：

「各位，今天所公布的『國際牌』收音機的價格的確比別家高。我們來看看一般收音機的情形，那些價格都不是很合理。因為受到連續兩三年來經濟不景氣的波及，各製造家都因惡性競爭而陷入亂賣的情形。維持這種價格，怎麼能得到健全的發展呢？收音機需求量會越來越多，我們應該以更合理的方法大量生產，使每個家庭都能買得起。同時要把收音機的品質，提高到沒有故障的水準，這是我們製造商應負的使命。根據我以往的經驗，要製造最理想的收音機，至少要有一百萬元的資金。可是現在我手裡並沒有，如果有，我打算建立一座理想的工廠，使得生產規模化，製造出物美價廉的收音機。十分可惜的是，我並沒有一百萬元，不得不先依靠正當的利潤來完成這個心願。請各位想想看，我怎麼能夠參與惡性大減價的行列呢？各位都是商人，但從來沒有考慮到製作成本，你們只要在買與賣之間有一定的利潤即可。今天我請各位離開批發商的立場，真正站在松下電器代理店來考慮，並且支持合理利潤的售價，為普及收音機而貢獻各位的力量。這樣，各位才是真正的松下電器代理店，松下電器也才能繼續成長。請各位不要認為價格太貴，為了大家的共存與繁榮，為了業界的堅實發展，請各位務必贊成幫忙。」

幸之助非常誠摯地提出見解，希望得到大家的認同。

大家聽完了他的話，不再堅持意見。松下電器得到這些代理店的協助以後，「國際牌」收音機就以驚人的速度暢銷到全國各地。

松下電器一帆風順地發展，每月月產量高達三萬台，占全國總生產額的百分之三十，高居第一位。「國際牌」收音機享譽全國，價格也比當時其他牌收音機便宜了一半。

堅持戰時經營

非常時期就必須有非常的想法和行動，不應受外界價值觀的干擾。

——松下幸之助

關注民生創新經營

一九三一年春天，松下電器舉辦了春季運動會。以前每年都是到附近的名勝古蹟去遊覽，作為慰勞員工的團體活動。今年卻別開生面，以運動會代替。

四月十六日，松下電器舉辦了第一次運動會。熱烈競爭的場面吸引了很多觀眾。當時松下電器已有營業部、第一工廠、第二工廠、第三工廠、第四工廠，於是便按照所屬單位分成五組，輪番較量。

四月十六日上午八點三十分，大家都在大開路二段本店集合，排成整齊的隊伍，走到野田阪神前，坐上在那裡等候的遊覽車。第一輛車有樂隊，伴奏著音樂，一群人浩浩蕩蕩朝天王寺出發。

總共二十五輛遊覽車，威風十足地從福島開往中之島，然後再向南前進。沿途中，過路的人都張大眼睛好奇地注視。遊覽車的每一個窗口都有人揮舞「國際牌」的旗子，或者是印有松下幸之助標誌的旗子。

沿途可以聽到人們交談：「喔，原來是松下電器！」

「那是『國際牌』電池燈嘛！」

「那是『國際牌』乾電池呀！」

市民們留下了深刻的印象。遊覽車終於開到天王寺公園。

大家下車以後，排隊走進運動場。

　　幸之助比大家早一步進去，站在台上，接受入場隊伍敬禮。各部隊都以分列式進入場內，並停在指定的地點。雖然他們是第一次，步伐卻很整齊，場面十分動人。會場的來賓、會員的家族和一般的社會民眾，都受到了感動。

　　入場式完畢，全體運動員各自回到預定的帳篷休息。然後依照節目順序表演。在競賽進行中，拉拉隊各顯神通，每位觀眾都看得十分過癮。

　　到了下午，一般觀眾席的位置已經大爆滿，形成空前的場面。

　　最後的化裝遊行，突然跑出一列大熨斗、大插座、大插頭開始走路。又有南洋土著人的舞蹈等千奇百怪的表演，使得觀眾和會員自己都不由得拍手叫好，聲音響遍全場，產生了比預期更大的歡喜和狂熱。

　　最後一起退場，立刻換成制服，排成隊伍開始行進。走過主席台前敬禮，繞場一周之後，站在自己的位置，形成閉幕典禮的隊形。會場頓時肅靜下來，隊伍也整齊劃一，井然有序，連幸之助自己也肅然起敬，觀眾則連連稱好。

　　第一次春季大運動會，收到了比預期好上幾倍的成果，終於圓滿結束。幸之助和其他會員都覺得這是一場令人印象深刻的運動會。從此以後，松下電器每年都會舉辦運動會。會員人數增

加，訓練也隨之更加嚴格，規模一年比一年更大。

松下電器的運動會，竟成為大阪市很有特色的慶典活動。

後來，松下電器把運動會的名稱改為「體育大會」。節目內容也以鍛鍊體魄為主。

一九四〇年第十次體育大會，松下電器在甲子園原地舉行，因為步伐整齊、有規律，使得八萬名觀眾看得目瞪口呆。「興國在人，亡國也在人」，這是古聖先賢的教訓。

只要翻看歷史，便可確知這句話是真理。事業的成敗也一樣，關鍵在人。得到人才的事業就會興盛，否則，便會衰微。

松下電器有今日的成就，就是因為得到了人才。松下電器為什麼能好運得到人才呢？是因為身為經營者的松下幸之助強烈渴求人才。任何東西，都要先有渴望，才能得到，這是千古不變的原則。

松下幸之助在一九二二年創業初期，有五十個員工。大開路一段建好了兩百坪的工廠之後，他心裡就一直想著：「我需要人才，我要培養人才。」

當時他罹患肺炎，一邊養病，一邊經營。住在同一條街的木庭醫師，每天替他打針，打了相當長的一段時間。

他是一位不太像醫師的醫師，很講義氣，有點江湖脾氣，患者如有錯誤的觀念，他一定會訓一頓，他不但治療肉體上的毛

病，也糾正患者錯誤的心理。總而言之，他是一位很特別的醫師。

　　木庭醫師和幸之助相當談得來，幸之助便把病弱的身體交給了他。此後，不管是身體或業務經營有問題，一定請教他。幸之助有時候也會向他吐露一點自己的野心和抱負。

　　幸之助曾向他透露自己要一面經營事業，一面培養人才。也就是一面生產，一面教育員工。

　　具體來說，他想在富士山下建一個大工廠，招收全國優秀小學畢業生，讓他們每天工作四小時，讀書四小時，直至專科、大學畢業。用工作四小時所賺得的薪資，當作升學的學費。這樣教育出來的人，一定比普通學校畢業的人更加腳踏實地、吃苦耐勞。

　　這個方法，不必消耗國家的財力，也能省下家長的教育費，靠自己的勞力來接受教育，更能養成獨立的氣質；另外，身為經營者的幸之助也可以藉機灌輸「工作神聖」的精神，以便提高工作效率，使得生產合理化。

　　幸之助也可以從四小時的生產中得到充分的收益，用來繼續擴大工廠。這樣的想法，幸之助是在養病期間想出來的。不過，那只是一種空想，再看看實際的情形，倒有一點氣餒。

　　幸之助原也是個理想主義者，常常在心裡幻想著一些美好的事情，並引以為榮。

　　與其說幸之助是實行主義者，倒不如說他是理想主義者更恰當。理想家在現實生活中容易遭受失敗的打擊。像他這樣常常空想的人，今天之所以成功，是因為他得到了人才，也培養了人才。松下電器的人雖然年輕，卻都是拚命工作的男子漢；雖然年輕，工作能力卻不輸給長輩。

　　幸之助用人的原則是：盡量看員工的優點，而不注意員工的缺點。有時因為將某人優點看得太重，沒注意缺點，因而派他去擔任超過能力的職務，後來出了問題。

　　但幸之助認為這沒什麼不好。如果拚命去找員工缺點，他就不能安心用人，還會因時時擔憂對方失敗而寢食難安，員工的士氣也會低落，影響公司的發展。

　　因此，幸之助常常毫不考慮地叫有專長的人去擔任主任或部長，將經營的責任交付給他們，他們的確也能發揮長處，恪盡職責。來松下電器工作的人，未必都是人才，只因幸之助讓他們發揮優點，事業才能蒸蒸日上。

　　同樣，做部下的人要注意上司的優點，別斤斤計較他的缺點。若能做到這一點，一定會成為上司的得力助手。豐臣秀吉這個人，只看他主人織田信長的優點，最後他成功了。明智光秀卻恰恰相反，光看主人的缺點，所以他最後失敗了。這是一個很好的教訓。

　　一九三〇年五月五日，對於松下電器而言，是值得大書特

書、意義非凡的一天。從這一天起，松下電器的指導精神，終於
有了確定的原則和目標。

　　幸之助以前的理想之一，是要建立一所店員職訓所，也是
在這一年開始籌備。到底建在哪裡好呢？職訓所必須有相當大
的一片地。幸之助想在一萬平方公尺的土地上建三千平方公尺的
建築物。

　　這個買土地的工作，幸之助交付給石井去辦。石井到處物
色，看中了西淀川區姬島地方的一角。但為了一些細節不能談攏
而作罷。很碰巧，他們聽說府下的門真村有人要出售土地，石井
趕緊跑去看，地點在京阪沿線門真車站附近，交通非常方便，便
勸幸之助買下來。

　　幸之助也到實地去勘查。當時京阪沿線尚未建設，幸之助
總覺得距離大阪太遠，心裡有些猶豫不決，但賣家非常熱心，而
這時自己又尋不著適當的土地，再說職訓所遠一點，也不會影響
經營，幸之助終於決定買下來。總坪數是三千五百坪，每一坪是
十七點五元。

　　關於職訓所，幸之助計劃以培養中堅店員為重點。從全國
各小學畢業生裡，選出優秀的人才。每天讀書四小時，實習四小
時，合計八小時。除星期日以外不休假。

　　大約五年以內，修完中等學校的課程，可以比普通中等學
校學生提早兩年就職。幸之助認為這一時期的少年，是人一生中

可塑性最大的時期。無論是學做生意、學機械技巧或學經營，都是最適當的時期，可以提早兩年畢業，更可以培養他們的實力，當一名真正有用的從業人員。

終於，幸之助要把計畫付諸實施。

第一階段建三百坪建築物。營造工程和土地，共需十五萬元，對當時的松下電器而言，是一筆金額龐大的負擔。但是為了要實現崇高的使命，他們不能吝嗇這筆錢。

幸之助夢想中的學園總算成真。規模雖然不算大，行政安排以及教育內容上，還無法讓幸之助完全滿意，但是對松下電器來說，這是意義深遠的建設。

職訓所施工期間，各工廠的訂單一天比一天多。大開路的總工廠，員工日夜不停地加班。趕貨的第二工廠、第五工廠、第六工廠、明石工廠、豐崎工廠、第八工廠也一樣，但仍無法應付過多的訂單，到了年底，訂單更如雪片飛來，產生了供不應求的熱潮。

在如此的盛況之下，幸之助已無暇過問建築職訓所的工作。此時幸之助最需要解決的問題是，如何處理應接不暇的訂單問題。年底也快到了，非加快腳步建一個大工廠不可，於是開始找土地。

至少要找一塊一萬五千平方公尺或一萬八千平方公尺的地方才夠用。這麼大的土地，實在很難找，就算找到了，價格也一

定非常昂貴。

這時他突然有個主意，若把職訓所的空地，暫時挪過來使用，就可應急了。幸之助終於在門真開始建設總廠，那是一九三二年年底決定的。

一九三三年七月三十一日，把全部工程正式交由中川建築公司承包開工。就這樣，幸之助在「不惑之年」把總廠建起，這象徵著他已邁出了神聖、輝煌的第一步。雖然他們士氣高昂，但松下電器的業績，並未達到真正令人滿意的程度。

比起當初，工廠增加、擴大了很多，銷售量也提高不少。可是，全都是小型工廠，無論規模或技術方面，都比不上一流的大公司。只因為他們不斷地擴展、充實內容，才能保持很高的信譽。

這時候，幸之助宣布要建總廠，令社會人士刮目相看。有的人稱讚他們「無可限量地發展」，有的人卻指責他們「海派作風」、「是個騙子」。這也難怪，松下電器雖然不停地進步，實際上卻是以十分實力，做十二分的運用。這樣做，當然會加重幸之助的心理負擔。

松下電器不斷躍進，所有的銀行貸款都是以信用融通換來的。因此，這次的資金，幸之助也得用信用貸款的方式向銀行交涉。松下電器已有長久的信用實績，這次銀行也毫不考慮地將錢借給他們。

總廠新廠房終於在七月落成，八月舉行新廠房落成招待會。幸之助在致辭時，坦白地告訴大家：「這次建總廠的錢，全是向銀行貸的。」

幸之助說：「我不過是把事實老老實實地發表出來罷了。」他內心卻感到很喜悅。新屋在恭喜祝賀聲中誕生了。建築的外觀非常明朗，景像一新，大家異口同聲地表示有南歐的風味，「根本不像是一座工廠」。

落成招待會完畢之後，幸之助於九月間正式遷入辦公。第一次是在大開路一段開設本店，第二次是在大開路二段。這一回是第三次，本店的遷移告終。換言之，經過三次才在門真的一角建立了松下電器的總廠。

松下電器在人事編制上有了變化：一九三二年五月五日，創業紀念日那一天，店員和工廠員工，合計一千多人。次年的五月五日，人數已增加至一千八百多人，增加率百分之五十，這在當時算是迅速成長。

以下是當年一月至五月的情形。二月十六日，擴大第五工廠，並把第三工廠併入第五工廠。五月，門真建立了新工廠。又在前一年四月收買的三鄉村用地，建了一座乾電池新工廠。

由此看來，當時的發展是多麼的迅速。

制定戰時經營規則

門真廠和總廠,位於大阪東北方,是迷信中最忌諱的方位,被稱作「鬼門」,加上經濟蕭條記憶猶新,同行紛紛說幸之助是盲目經營。

松下電器每天早上八點,圍成小圈圈的一個隊伍,唱出了《社歌》與《七大信條》,接下來是精神訓話,有時談社會現象,有時發表個人經驗,有時談公司政策。幸之助自認不善言談,但總能以誠意感人,並以身作則。

根據訓練所的課程,每一位新進人員,即使是大學畢業生,都得從基層的裝配員做起,然後接觸推銷業務,接受生產及銷售訓練。

一九三三年四月設立了事業部制度,七月開始著手研究小型引擎製造。

當時的人頗不以為然,大家總覺得引擎這種東西是動力電機廠的產品,不應由生產家電用品起家的松下電器來開發,而且曾經製造引擎聞名的奧村、北川兩家公司,先後宣告破產倒閉,大阪一帶沒有一家電機製造廠敢再冒險生產。

而幸之助的看法卻是引擎的用途會越來越廣泛,在不久的將來,每家每戶用十台引擎的日子即將來到,於是他就讓剛從高等學校畢業才三個月的佐藤士夫負責研製。

　　佐藤在學校裡只學過一點理論，被派到研究室做中尾的部下。一開始，他先收購引擎，拆開觀察研究。

　　幸之助給他五萬元研究費，又派了一名京都大學電機系畢業的桂田德勝協助他，在困難重重下備嘗辛勞，終於在次年十一月完成了二分之一馬力的小型引擎，命名為「松下開放型三相誘導馬達」，並開始製造銷售。

　　當時所得的評價，與聞名國際的三菱引擎比較，竟毫不遜色，小型引擎的開發又成功了。於是在收音機部門工廠內，設立專門製造引擎的工廠，開始大量生產。

　　跟小型引擎同時研究發展的蓄電池，也在相同的信念下，和岡田電機公司合作研製成功，共同出資創設「國際電池股份有限公司」。

　　一九三四至一九三五年，松下電器陸續開發各種新產品超過六百種，生產總額八百八十多萬日元，從業員工共計三千五百四十五名，已是電器製造界的小巨人了。

　　這時，幸之助不但把自己的所得投注在事業上，也積極鼓勵員工投資松下電器，並於一九三三年設立「員工儲蓄金制度」，一九三四年再設立「配股儲蓄金制度」。

　　後來改為株式會社後，開始獎勵員工持有股份，並附獎金百分之五十，以後增加為百分之百，成為「投資儲蓄金制度」。「正價」銷售和聯盟店制度基於共存共榮的理念，一九三四年七

月，松下電器開始實施「不二價銷售運動」，十一月實施「聯盟店」制度。

雖然幸之助從創業以來，一直努力大量生產降低價格，使商品普遍化，而且基於「不適當的高價格，或過低的利潤都不是做生意的正道」來決定適當的批發、零售價，以確保代理商和代理店的合理利潤。但是所定出的價格政策，卻沒有人遵守。

自一九三二年開始，價格的競爭越厲害，代理店要求「不二價」的呼聲越高，加上代理店認為幸之助的發展是可喜的，但是松下電器利益越來越少。於是松下電器決定實施不打折扣的「正價」銷售運動。

所謂「正價」，就是「合理價格」的意思。正價銷售運動首先實施在收音機、乾電池銷售上。

推動運動之初，幸之助在致所有代理店的謝函中，說出如下信念：「正價運動，可以使消費者安心購買，並確保各位的利潤，我深信這是達成共存共榮、提升社會生活的大道。」

為了順利推動正價運動，同時安定代理商的經營，接著又進行「聯盟店制度」。

本來代理商給予代理店的利潤沒有一定，因為各代理店經營狀況越來越惡化，聯盟制度正是針對這個弊病而設的，主要內容是每半年由松下電器按營業額，給代理店固定比率的「感謝金」。代理店的負擔因此減輕，能夠獲得適當的利潤。

除了聯盟制度，松下電器也努力降低成本，積極協助銷售，並以廣告活動來支援聯盟店的營業活動。

聯盟店制度的實施，密切配合了松下電器、代理店和聯盟店。松下電器在第二年代理店換約時，發表「松下電器經營精神」，呼籲支持代理商：

松下電器並不只消極地要求各位代理商多買東西就算了，而要更進一步地讓各位了解我們的經營狀態，互相啟發，共同開發合潮流的產品。

這是松下電器對代理商的義務。我們也真誠地希望參與代理商的經營，彼此合作，使業務邁向繁榮之道。

在共存共榮理念的號召下，松下電器和代理店、聯盟店的關係，在物質、精神兩方面牢牢結合在一起，使松下電器的銷售網越來越堅固。

一九三四年十二月，「松下電器製作所」，改組為「松下電器產業株式會社」，同時採用了比事業部制度更進一步的「系列公司」制度，在各事業部下，設立了九個子公司。

這一次改組，松下電器產業株式會社站在控股公司的立場，人事方面管理著各系列子公司，更具獨立精神從事生產銷售。

幸之助深恐由於業務擴大，經營會陷於散漫，員工可能會變得驕傲，所以提出以下的規範，來約束員工和經營的執行：

　　不管本公司將來有如何輝煌的發展，請絕對不要忘記我們是商人，我們是從業人員，我們是店員，要熱忱地從事業務，虛心地待人接物，這是我們的原則。

　　一九三六年至一九三七年，德國、義大利、日本三國組成法西斯同盟，自稱為「改造世界的軸心」，第二次世界大戰勢必影響到全世界的人民。

　　戰爭勢必對日本的經濟產生巨大的影響。

　　一九三七年中國「九一八」事變爆發後，日本的產業界迅即抹上了戰時色彩。由於《國家總動員法》的制定，將勞動力、資金、原料、生產設備等予以集中，完成了軍需產業動員的體制。

　　家用電器中，先將電暖器、電扇等列為奢侈品而禁止生產。收音機、燈泡、乾電池等也在軍工產品之列，加以種種限制。於一九三九年開始實行從業員的僱用限制，九月起又開始了物價統制，以致民生必需品的生產受到了強烈的影響。

　　處於這種情況，為了努力維持原有產品的生產，並謀求在戰時體制下企業的生存之道，幸之助決定協助軍需生產的方針，於一九三八年開始接受武器組件的訂單。

　　面對著這一巨大的變動，幸之助深恐事業的原有形態迷失，又怕由於發展軍需生產而使經營流於散漫，也為了將松下電器置於穩固的基礎之上，他在一九三九年三月制定《經營須知》、《經濟須知》和《員工指導與律己須知》，促使全體員工的

自覺。

《經營須知》內容是：

經營是公務，而非私事。能以買賣為重，善盡其道，就等於對國家盡忠。要把買賣當作「社會公器」，不可稍存私念。

好的經營可裨益社會，壞的經營會貽害人群。要有好的經營，必須人人全力以赴。

應常存「顧客至上」的心理，時時不忘感恩。為了繁榮，盡責而不顧自己，正是回饋社會的第一步。

《經濟須知》內容是：

身為實業界人士，經濟觀念的涵養為第一要務。尤其在科學極端進步，經營急需科學化的今日，技術研究人員須知研究也是經營之一。應致力於經營經濟意識的研究，不可陷於對經營不適合的研究。

所有經費以「量入為出」為急務，要常加檢討，盡量避免浪費。至於營業等費，各部門更應盡力做全盤的整頓，備用品、工具消耗品等，尤應加以愛惜使用。

每月嚴格執行決算。一個月的業績應早日公布，使大家了解。資金應作為最有效之運用。應該改進的事項，須切實檢討，加以改進，以免重蹈失敗的覆轍。

《員工指導與律己須知》內容是：

　員工的指導訓練，實為事業興隆的根本，凡負有指導部下之責的主管，都應隨時留意，起帶頭示範作用。

　人的潛在力和適應性，不是一朝一夕可以盡知的。務必使之適材適所，各展所長，對工作力求貢獻，公司才可政通人和，提高效率。力求減少偏差，消弭不平不滿。

　指導部下應以真誠待人，一視同仁，信賞必罰。該說的話一定要說，該追究的一定要追究到底，絕不採取討好或姑息政策，要以誠意督促他們向上。

　事業的成功，首在人和。親睦和諧是本社一向重視和強調的社風。誤用嚴戒反而滋生凡事依賴他人的心理。在各自執行業務上，要獨立自主，絕不仰賴他人，而且必須互助合作，以競事功。

　一九三八年四月，日本政府公布了《國民總動員法》。法令下達後，凡關係到人民生活的日用品均受到限制，甚至連收音機、電熨斗都被算作奢侈品。松下電器也受到了打擊。

　一九四〇年政府正式展開資材統制，民需生產因此遭到大幅削減，店裡的商品日漸減少，品質也開始惡化，家用電器也是如此。

　由於代理店的回扣被迫降低，產品的品質和服務大為低落，引起層出不窮的問題。

　在這種情況下，松下電器於一九四〇年一月首次召開「經營

方針發表會」以後，消費者、全國的聯盟店、代理店等，明確地表示盡量維持電器生產的方針，並於同年八月，倡導「優良品製造總動員運動」。

不論製造部門或銷售部門，一切都應該符合消費者的需求，生產價廉物美的優良產品。

不僅在製造上，在市場流程方面，幸之助也是密切注意。幸之助很注意自己的產品是否真能使消費者得到滿足，有沒有服務不周的地方。幸之助要求全體員工將此宗旨切實執行。

一九四二年十月，由於原料買進更加困難，雖然不得不使用代用材料而變更設計，但絕不能使產品的品質低劣。由於物質不足，市場搶購以及統制的加強，生產上困難重重。

但基於銷售劣品並非事業正途的信念，幸之助一直貫徹維持品質的方針。此一方針和前年所倡導的《經營須知》、《經濟須知》，同樣成為松下電器在戰亂中正確的指導方向。

松下電器在一九三九年七月，將實驗成功的電視機在電器發明展覽會上公開展出。

該項電視機是為了迎接預定一九四〇年在東京舉行的奧林匹克運動會而開發的，試播接收情況極佳。可惜奧運因戰爭而中止，電視機的播映也無法實現，因此家庭用的電視，直至戰爭結束後，才與觀眾見面。

消除戰爭後的影響

Panasonic 能夠在日本的商業史上留下不朽的盛名，除了前期一系列電器商品在市場上站穩腳跟之外，就是它在第二次世界大戰後的飛速發展，這一時期的發展使 Panasonic 真正成為一家在全球範圍內舉足輕重的跨國企業。

但是，Panasonic 的起飛並不那麼順利。經歷了第二次世界大戰的日本，作為發動侵略戰爭的戰敗國，經濟自然受到了很大的創傷，且由於受到美國的監管，日本的大企業都受到了極大的限制。

松下公司連同三菱、三井、住友等十四家企業一起，被美國列為「財閥家族」，其所屬企業被指定為戰爭「賠償工廠」。

這樣一來，這些公司的資產被凍結，所有資金的借入、動產和不動產的賣出，以及更新設備等，都必須事先獲得批准。對於企業來說，這些措施無疑是致命的。

在這之後的幸之助甚至重新開始了借債度日的生活。

第二次世界大戰以日本的澈底失敗而告終。日本宣布投降的第二天，即一九四五年八月十六日，在其他人陷入戰敗的哀痛中不能自拔的時候，幸之助卻知道此時應該做什麼，他對員工宣布：「戰爭是結束了，但日本從現在開始需要重建，公司也要迅速邁開戰後發展的第一步。希望大家迅速投入工作，務必盡快拿出產品，這是我們的責任。」

　　松下幸之助的企業管理風格一向雷厲風行，在向公司管理
人員交代任務以後，經過兩三天的商討和研究，八月二十日，他
就向全體員工發表了公司發展計畫：

　　「以前，我們面臨本世紀最為劇烈的變革時期，松下電器必
須迅速恢復生產，勇敢地邁出重建日本的第一步。我認為，松下
電器一天也不能處在毫無方針的狀態中，這樣會使員工不安。我
們固然無法預知未來的命運，但不論發生任何變動，物質缺乏的
情況一定會發生，為了使松下電器重新振作起來，我們別無他
法。工業是國家復興的基礎，在此我可以說，大家都將是日本工
業復興的先鋒，公司歡迎失業的和將要失業的人們來這裡工作，
大家精誠團結，攜手合作，發揚松下電器的傳統精神，為日本的
重建做出貢獻！」

　　戰後的日本，人們的精神普遍受到了前所未有的打擊，表
現了強烈的失落感，生產和生活極度頹廢。在此種狀況下，實業
界受打擊而不能迅速恢復生產，生活物資又極度匱乏，這當然是
有眼光、有氣魄的企業家發揮才能的大好時機。

　　松下幸之助對此的把握是精明和適時的。松下幸之助的成
功要素之一，便是他每每能在時局變革的開始調轉風帆，迎頭趕
上。與此同時，他又具有經營的責任感和使命感，這就使其所作
所為能堅持商道，精心地生產，公平地買賣，殷勤地服務。

　　第二次世界大戰末期的松下電器情形並不樂觀。當時號稱

工廠六十家，員工兩萬人，但這些工廠大部分是因製造軍需產品而成立的，並不適合民用產品生產。

好在松下電器的基礎很好，在戰爭期間堅持優質民品生產，保住了這一方面的設備和技術；戰時生產高精軍需品，又累積了新的技術和生產經驗；空襲中又僥倖留存下來不少生產設備；離開的人才又復歸回來，資金則可以大量貸款。

由於在不幸中有這些有益因素的支持，不用多少時間，松下電器就恢復了民品生產。戰敗當年的十月，工廠做好全面復工的準備。十二月，即開始生產並銷售收音機、電爐等等。

次年年初，松下電器已有如下產品供應市場：收音機、留聲機、擴音器、音量調諧器、電阻器、乾電池、探照燈、小型照明燈、瀝青絕緣材料、電極、引擎、電爐、熨斗、電暖器、電風扇、電燈泡、保險絲、腳踏車零件等。

這些產品在戰後不久陸續面世，由此可見，松下電器的動作是何其迅速。

但是，由於日本是戰敗國，其工業生產受到以美國為首的盟軍指揮部的限制。其中一項，就是半強迫地限制日本工業的發展，以防其國力膨脹，再燃戰火。松下電器當然不能例外，很快就接到了這樣的限制命令。

對此，幸之助沒有沉默。他立刻要求屬下幹部，向相關單位提出強烈抗議。經過再三努力，終於取得了一定的效果。不

久，相關單位核准松下電器生產收音機，隨後，其他產品的生產
也陸續核准。

然而，就在松下電器陸續恢復生產以後不久，新的限制又
來了，而且更加繁多，更加嚴厲。這種情形使幸之助十分傷心，
他希望盡早發展自身企業的計畫受到了很大影響。但無論從哪一
方面來看，松下幸之助都是一個有識之士。

戰後的情勢，使他看到了人們對民生用品的需求，而且感
到自己身為一個企業家，有必要迅速、及時地為社會大眾提供這
方面的幫助。

正因如此，松下電器才能經過艱難抗爭，在戰後的業界迅
速崛起，終於成為日本電機界第一把交椅。同時，幸之助也明確
地意識到，此時的日本已不復當年，許多方面必須改革，才能適
應新的局面。

比如，戰後初期，由於盟軍占領軍為美國，所以政府的許
多舉措必然帶有美國色彩，而且承擔聯合國指派任務的盟軍司令
部，也必然以自己的方式對日本政府施加影響。實際的情形也正
是如此。

盟軍司令部在東京建立以後，迅速發布了一些戰後處理和
民主化的政策，其中的許多內容和措施與日本的現實和傳統多有
齟齬。

身為大和民族的一員，幸之助或許不願意看到日本的這種

「動搖根本的震撼」，不過，他還是意識到了大勢所趨，意識到了未來的趨勢。因此，他能夠對聯軍的新政策、新精神做出積極的反應，也能主動地採取措施以適應戰後的局面，尤其是民主化的進程。

在全面調整軍轉民的生產機制以外，幸之助還在思想觀念、工作作風以及規章制度等方面做出了調整。

一九四五年十一月三日，幸之助發表了新的經營方針，這個方針涉及經營的軟體和硬體兩個方面，可以說是幸之助適應新局勢的相對全面的綱領。

這個方針的文字不多，內容卻相當豐富。

一、戰後的世界，將是自由競爭、適者生存的時代。欲使公司成為競爭的勝利者，全體員工必須發揮勤勞之美德。為此當先使每人生活安寧，故實行「高薪資、高效率」的理想制度。

二、為了達到此一理想，擬將步一會恢復至戰前狀態，作為全體員工的福利機構，追求全體員工的經營實利。

三、各單位工作均應詳加分工，進一步專門化，使各位擔任業務、生產、經營的人都成為世界上的專才、權威。如此分工組合，即可奠定我們大企業的根本。

四、美國採取適才適所的用人方針，重視才幹，因此才有相當高的效率。我們必須效法此方針，重視實力，簡化資歷。

　　五、日本復興相當艱巨，各位務必努力經營，才能獲得豐裕生活，也才能為社會提供豐富充足的物質產品。深願全體員工同心協力，為實現使命而奮鬥到底。

　　從上述五項內容中，我們可以看到，幸之助的這個經營方針，在許多地方是很有特色，也頗為合理的。

　　首先是效率與薪資的關係。一般的企業經營或其他行業，薪資和效率的順序總是先效率後薪資，只有在高效產出的基礎上，才能提高薪資。

　　幸之助反其道而行之，主要是針對戰後日本的客觀狀況。當時，百廢待興，民生凋敝，許多人吃不飽，穿不暖，工作效率當然十分低下。

　　為改變這種局面，幸之助斷然決定先謀求解決員工的生活問題，使他們不虞溫飽，從而積極地投入生產，提高效率，擺脫惡性循環。從主觀上來說，幸之助並不認為這種順序悖理，反倒覺得薪資和效率兩者的關係本應如此。

　　他也意識到這種先高薪資以換取高效率的做法可能是冒險之舉，就是說高薪資未必能換來高效率。

　　幸之助認為，如果出現了高薪低效的情況，那就是管理或人的思想出現了問題，而不是這種方式的毛病。而松下電器在管理和人員素養上、軟體和硬體兩個方面，可以說是幸之助適應新局勢的比較全面的綱領。

在制定高薪資到高效率制度的同時，幸之助還推出了一系列有關福利待遇方面的規定，其中最主要的有：

一、廢止職員、工員的區別制

此前松下電器的員工有職員和工員兩種，職員是主管幹部和業務人員，工員則是一線的工人，兩者名義上有區別，待遇上也有區別，而且工員又分數等，進廠者要從見習工人到三等工人、二等工人、一等工人，如此攀升上去。這種區別，封建的意味十分濃厚，和現代民主化制度頗不吻合，故予廢止。

二、實行全體員工薪水制

一是全體員工按職務和效益獲取薪資；二是給予相應的津貼。

三、八小時工作制

此前如同別家公司自定工時一樣，松下電器自定工時為每日九小時，這與國外的工時相比要長了一點，故幸之助及時予以調整，改成每日八小時。

如果說以上的制度比較現實的話，幸之助的另外一些改造和革新，就不僅僅是解決眼下的問題了。在這些方面，幸之助的眼光是超前的，著眼於未來的發展。

在一九四六年一月新的經營方針發表會上，幸之助進一步強調此點：「經過專門化的各部門，可以只生產一種產品，但知

識、技術、工藝、經營都要達到世界一流水準，產量也要達到世界總量的百分之一。」

幸之助認為，只有這樣，才能完成企業由小到大的轉變，從而躋身於世界最大企業之林。

幸之助的這種想法，多少源於對美國企業的了解，他的眼光已經看到了後十年、二十年的發展了。專精分工，實質上是提高技術、工藝和生產規模，以形成集約化生產。

與此同時，幸之助又在全公司推出「提高技術運動」，以生產「有靈魂的產品」。戰前的松下電器產品，技術含量高，品質優秀，幸之助決心恢復，乃至超越戰前的水準。為此，他號召全體員工朝著這一方向努力。同時，新成立「產品檢查所」，自任所長，以監督產品品質。

經過如上的革新改制以及迅速組織生產的快速反應，可以說松下電器已具備了戰前的經營管理狀態和生產行銷能力，而且潛在能力更為強勁，可以放開手腳大有作為了。

渡過難關拓展市場

任何事情要取得成功總不是一帆風順的。正當幸之助信心十足、雄心勃勃地推進企業經營的時候，種種限制加在了他的身上，使他根本不能投入經營，幾乎毀了幸之助的事業。

一九四六年三月十四日，盟軍透過日本政府指定一批公司

為限制性企業；同年六月三日，指定一批財閥，並予以分散財產的懲罰；七月起，分批指定一些工廠賠償戰爭受害國；八月十一日，停止支付戰爭期間軍方所購用軍需品的補償費；十一月二十一日，指定一批政界、財經界人物不能再擔任公職；十二月七日，指定一批企業做特別處理。

非常不巧的是，盟軍和政府的所有這些限制，幾乎都和松下幸之助有關。

首先是被指定為財閥，接著是指定賠償工廠、解除公職、整理股份、指定限制公司、指定特別處理公司，最後是集中排除法。財閥的認定，主要以資產和家族歷史為依據。松下電器在戰時有關係公司六十七家，其中三十幾家都有松下幸之助的投資，而且有不少生產軍需品的工廠。盟軍把他和三井、三菱、住友等公司視為一黨，以此認定松下幸之助為財閥，並列為財閥家族，限制其發展。

對於這種認定，幸之助很不服。他認為認定的兩方面依據均不充分。

首先，自己擁有股份的公司雖說多達三十家，但其規模合起來還不如其他財閥的一家公司的規模大；其次，自己是從本人這代才白手起家創業達到了現在的規模，並非來自祖輩的遺產，而且歷史僅有二十來年，和大財閥的數代傳承根本不同。

松下公司在平時只生產民用物品，是應軍方的要求才生產

軍需品的，而且也因此蒙受了巨大的損失。

據此，幸之助認為自己被認定為財閥是完全錯誤的，必須予以糾正。

為了推翻這一認定，為拿出足夠的資料以說明事實，幸之助命人做了充分的準備，僅說明書一項，就達五千頁，全部用英文寫成。

他在此後的四年中，來往於大阪和東京之間，向相關部門陳述理由、出示證據，但一百多次的交涉並未帶來什麼好消息。

由於幸之助拒絕承認自己是財閥，而且不斷提出抗議，要求更正，所以他並非因財閥的認定而辭去公司社長的職務，而是堅持在任上工作，以示對錯誤認定的抗議，顯示出絕不讓步的姿態。

一九四八年二月，松下電器將解散的最終計畫向相關機構申報。就在此時，美國對日本的經濟政策發生了轉變，由最初的嚴格限制、解散，變為促進復興與自立。先前的許多決定也隨之失效，幸之助及其公司又一次渡過了生存的難關。

早在創業之初，幸之助就在自己的工廠裡主動組織了勞工組織步一會。這個組織和工會近似，稍有不同的是，它不僅是維護工人利益的組織，更是促使全體員工步調一致、共同繁榮的組織。

二戰後不久，松下電器剛剛邁開重建、振興的步伐，幸之

助的一系列舉措之中就有恢復步一會一項，而且加強這個組織為工人謀福利的特色，使它更接近工會。

此後不久，盟軍司令部發出了企業成立工會的通令，以作為日本戰後民主化進程的內容之一。為響應此號召，一時間，各企業紛紛成立工會。

松下電器的工人不甘落後，帶頭響應，遂於一九四六年一月三十日正式成立松下電器工會，步一會隨即解散。這個龐大的企業工會共有會員一萬五千名，四十二個支部，理事長是朝日見瑞。

工會成立的那天，幸之助來到了工會成立會場，到會的員工大約有一萬五千名，幾乎全體員工都到會，會場顯得有些擁擠。

當時的日本，許多企業的勞資矛盾達到頂峰，水火不相容。哪一間公司的老闆膽敢去參加工會的集會，那集會極有可能變成對老闆的批判會、鬥爭會。

松下幸之助蒞會，沒有被轟走，而且還被請上台發表賀詞，已經是很高的禮遇了。

那天晚上，一位熟人對幸之助說：「松下，你真了不起，公司成立工會，還沒有見過哪一位社長敢來參加會議。因為這個時候社長來了，員工一定會藉機大肆發揮權利，來者肯定要受到無情的攻擊。可你來了，真讓人佩服之至！」

「這也沒有什麼可佩服的。自己公司的員工組織工會，即將進入新的偉大時代，身為社長的人怎麼能置身事外呢？所以我就來了，並不值得驚異。」儘管幸之助嘴上這樣說，心裡卻為世事的變化而感慨。

他想到公司以前的情況，當自己進入工廠的時候，下屬就會喊「立正」，全體員工起立致敬；如今，就連自己要致賀詞，也得先經過表決同意，變化真是太大了。

時代變化了，新工會也不是往日的步一會了。松下電器工會的理事長朝日見瑞是一位「老工會」，曾是勞工組織「同盟總會」的成員，對於工會業務相當熟稔。故此，工會一成立，各項業務迅即推展開來。

不久，即透過決議，提出了「三條綱領」和「八項要求」，諸如「爭取團體交涉權」、「加倍支付薪資與津貼」、「撤銷資格限制制度」等，其勢頭非常兇猛。

而就在此時，盟軍發布「驅逐公職令」，幸之助也在被解職之列。

工會得悉此事，以理事長朝日見瑞為首的大部分會員都不願幸之助被解職，他們不顧少數人反對，迅速掀起了保護松下幸之助職位的運動，多方奔走，不遺餘力。

全體一萬五千名員工中的大部人都在相關的請願書上簽字，部分員工家屬也簽了字。工會幹部帶著請願書，赴東京面交

相關政府主管，慷慨陳詞。與此同時，松下電器全國各代理店的店主也加入到這一行列中，發起同樣的運動，向當局請願。

二戰的確對松下幸之助造成了災難。但是，幸之助不相信厄運。在一九四〇年代的後半期，他一直在抗爭。由於公職驅逐令的解除，他得以繼續留任松下電器社長的職位，領導松下電器的恢復和發展。

從當時工業界的情況來看，幸之助是最積極恢復生產的一個，也是最有成效的一個。但是，政策和形勢並未提供一個好的機會給他。

他想生產，可是種種限制令下來，許多事情隨即陷入停頓；他融通到了資金，生產出了產品，本擬以一個合理的價格出售以盈利、累積、發展，可政府卻頒布了限價法令；他想秉商人之道，正當地生產、經營，但業界的惡劣情形卻牽制了他的舉動。

然而，無論遇到怎樣的困難，幸之助有兩點是始終未變的：一是絕不就此躺下去不再起來，絕不退縮、絕不停步；二是絕不同流合汙。

當時，由於缺乏商品，許多製造商不顧信義，粗製濫造，生產劣質產品，糊弄顧客，黑市交易也相當嚴重。幸之助對此相當反感，堅決抵制。

所幸全體員工埋頭努力，終於能在毫不損及股東及債權人的利益下，鞏固企業重建的基礎，是令幸之助感到慶幸的地方。

一九四八年一月，松下電器又遭遇到另一個新的危機。為了抑制戰後嚴重的不景氣，政府從一九四八年春天起，開始緊縮金融，因此物價上升的趨勢緩和了許多。然而產業界卻遭遇到嚴重的資金困難，企業紛紛倒閉。

松下電器在一九四六年年初的每月銷售金額為三百七十萬元，至一九四七年，已經成長到每月一億元。進入一九四八年之後，增速開始緩慢下來了。當年秋季，資本基金僅有四千六百三十萬元的松下電器，貸款已高達四億元，而且還有三億元的未付支票、未付款項，使得員工薪水，不得不從十月份起分期支付了。

在這期間，松下電器從銀行融資貸得三億元，希望謀求改善。由於產品預期漲價比原來預定晚了很多，好不容易借出來的資金，為了彌補一時之急，幾乎都用光了。

第二年的情況更加惡化了，松下電器為了天大的支票傷透了腦筋，真是一個痛苦的局面。

松下電器在一九四九年一月的經營方針發表會上，率直地說明了資金困難的情況，並表示為了打破既不能借款，也不能增資的瓶頸，除了靠自己的力量增加收益，別無選擇。松下電器決心將以往三年來的赤字經營，變為黑字經營，同時呼籲全體員工全力以赴。

接著四月間，幸之助發表了重建經營的根本方針，也就是

進行工廠的整頓，僅留下一些優良產品，採取集中生產的方式，以減低成本，再加強促銷，以求收益提高。

這一年的二月，不景氣更加嚴重。至七月，收音機、燈泡等十二家工廠，不得不半日休工，松下電器滯納貨物稅見之於報端，這讓松下幸之助得到「欠稅大王」的封號，情勢可說困難到了極點。

松下電器毅然執行機構改革，增加公司的高級人員，在總公司設置總務部、製造部、資材部、營業部等幕僚單位，並採取總監製，各工廠獨立計算，澈底執行生產合理化。

公司更進一步加強銷售網，從二月至十月，幸之助親自由北海到九州，拜訪全國各地的代理商、經銷店，和他們再三懇談。然後成立了代理店的親睦組織「國際共榮會」，同時恢復戰前的聯盟店制度。本來銷售路線十分混亂，各代理店都與兩家以上製造廠商交易，親屬感很薄弱。

共榮會成立後，幸之助要求代理店共渡難關，邁向共榮的前途，並全力輔助代理店，鞏固他們的向心力。同時在全國各地設立營業所，在營業所管轄下，以縣市為單位，分別設立辦事處，全力強化銷售體制。

銷售股份有限公司，原則上是一縣市一公司。在市場混亂地區，則由各有關代理店在不勉強的情況下進行籌設。

在一九五九年之前，完成了全國性的銷售公司網，同業及

其他公司也相繼仿照。至一九四九年四月，工廠恢復全日上班，這一段期間，麥克阿瑟領導的盟軍總司令部解散，財閥政策緩和下來，公司上下都懷著莫大的希望，準備踏出重建的步伐。

一九五〇年六月，韓戰爆發，美國向日方訂購大量特殊物資，世界貿易開始恢復了景氣，沉在谷底的日本產業界，也因此解除了沒落的危機。韓戰爆發以前，松下電器每月的銷售額僅幾千萬元。

六月以後，銷售情況好轉，終於有利潤了，前途充滿了希望與自信。營收大幅度改善，幸之助決定從這一期開始進行戰後一次盈餘重新分配，股東分了三成紅利。第二年五月，又加上特別分紅兩成，一共分配了五成的利潤。

這一年，松下電器接到各種戰爭必需品的訂單，包括乾電池、蓄電池、通訊機、燈泡等將近四億元。

直至一九五一年七月停戰，訂單漸漸減少，然而經濟已經恢復，電器用品的銷售大幅度成長。為了迎接民營廣播時代的來臨，五月間開始發售高級收音機，十二月開始發售新型日光燈。同時，因戰爭而中斷的電視機研究，也在這一年重新展開。

戰爭的苦難已成過去，拓展海外市場的時機宣告來臨。

松下電器開始把目標轉向海外，眼光看得更廣闊。過去幸之助是以一個日本人的立場來考慮事情，如今卻從一個世界人的眼光做判斷。身為一個經濟的世界人，幸之助認為必須利用日本

民族的特點，去從事世界性的經濟活動。

幸之助向員工提出：「從今日起，要以『重新開業』的心態，開拓我們的經營。但願我們能夠從更大的世界觀來看事情，將心靈恢復到如同一張白紙那樣，重新開始，從頭做生意。做生意免不了有激烈的競爭，因此，我們也應該有激烈的鬥志。根本上不要忘了『謙虛』兩字，才能帶來進步。」

一九五一年一月，松下幸之助宣布第一次赴美。

此行的目的，主要在調查海外市場，引進國外技術，學習別人經營的長處。一月十八日，幸之助啟程赴美，開始為期三個月的旅行。

一個朝氣蓬勃的美國計程車司機問他：「怎麼樣？美國是不是很自由的國家？」

從這位年輕人的問話中，幸之助看到美國的自由與繁榮，電視普及率急速增加，不久達到了七百萬台，收音機也突破一億台，此外還有各種電子儀器陸續大量生產。

四月七日，幸之助結束訪美返國，對專門分工的方針更有信心，同時確認電子技術方面應該向海外學習。

創造松下輝煌

　　沒有研究心的人不會進步。所以，就是要以電器的研究，來促進人類的繁榮與同業的發展。

　　　　　　　　　　　　　——松下幸之助

跨國合作優化銷售

一九五一年十月，幸之助再度赴美，然後轉往歐洲，十二月返回日本。

此行的目的是，尋求電子工業方面的合作廠商。就合作的對象而言，荷蘭飛利浦在戰前就跟幸之助有交易，戰後的一九四八年年底繼續來往。另外，美國的廣播唱片公司也是幸之助考慮合作的對象。談判的結果，幸之助決定和飛利浦合作。

飛利浦公司有優秀的技術，經營情況良好，比起日本，荷蘭土地狹窄、資源缺乏，在這樣的環境中，飛利浦卻能在六十年內從製造燈泡開始，成長為在全球擁有近三百家工廠和銷售據點的世界知名電器廠商。這麼輝煌的歷史，顯然有很多地方值得幸之助學習。

交涉技術合作時，出現了幾個問題：飛利浦提出的條件是共同出資，總資本額六億八千萬元，他們出百分之三十。但這一筆錢，要從他們該拿的技術指導費中抵算。結果，所有資金負擔全在幸之助身上。

用這麼龐大的資金設備去生產，到底能不能開拓足夠的市場呢？何況飛利浦要求的技術指導費，高出美國公司的百分之三很多，他們要求百分之七，經過幾次談判的結果，降為百分之五。

但幸之助認為還是太高了，他們卻認為有價值，飛利浦答

應派遣技術人員負責全力指導。

那麼，松下電器豈不是也可以派遣經營人員負責指導新公司嗎？倘若飛利浦公司的技術指導有價值，松下電器的經營指導也是有價值的。根據這個信念，雙方繼續交涉，對方雖然覺得很傷腦筋，但最後還是同意飛利浦指導費降為百分之四。

一九五二年，松下電器與飛利浦簽訂技術資本合作合約。

這一次，幸之助只要去荷蘭簽個字就行了，這趟非常輕鬆的旅行，卻使他倍感疲倦。原因是他不知道這次合作是不是正確的選擇。關於這一點，他還不能十分確定，事實上，他是以一種非常矛盾的心情去簽約的。

幸之助告訴自己，到了這一步還會感到疑惑，未免太不成熟了。他深深覺得，在緊要關頭仍能冷靜理智地處理事情，才真是偉大，他覺得應該修養這種心境。他自問與飛利浦的合作並不存有半點私心，自己認為做得很對，因此坦然地簽了字。

飛利浦公司的負責人把這一次合作形容為：「與松下電器結婚。」

一九五二年十二月，雙方的子公司終於誕生了，即「松下幸之助電子工業株式會社」。在大阪設廠，生產燈泡、日光燈、真空管、電視陰極射線管、手提收音機等，而松下電器的相關各事業部門，就利用生產的產品使松下電器的品質提高到世界水準。

一九五一年八月，幸之助派公司職員到東南亞、中東、南

美等處開拓海外新市場。

一九五三年成立紐約辦事處。一九五四年，終於向美國出口兩千台真空管手提收音機，其他國家的外銷業務也迅速成長，達到了年營業額五億元。

一九五三年，松下電器興建了「中央研究所」，真正開始全面加強技術研究。

中央研究所從事基本研究和指導各事業部門的新產品開發。為了迎接自動化時代的來臨，一併進行新機器設備工具的研究開發，因此有專門的機器製造工廠，還包括了產品設計在內，是一個綜合性的研究部門。

幸之助初次到美國時，看過當時最新式的乾電池製造機。當他第二次再去，卻發現去年最新式的機械在一家乾電池工廠裡成了最古老的機器，這讓幸之助大吃一驚。一般市面銷售的機器是普通貨，一流製造廠商都有自己公司設計的機器，不願對外公開，因為比市面上的優良好幾倍。

如果沒有自主的心理準備，只想依賴別人的力量或金錢，不可能產生真正好的設計。幸之助看到這個事實，覺得還不會太晚，可以迎頭趕上。只要資本許可，要全力更新生產設備。

正在這時候，幸之助面臨了美國的乾電池製造商向日本的有力挑戰。

這一年，美國Ｒ公司決定和日本某乾電池製造廠合作生產，

在慶祝酒會上，幸之助接受邀請也去了，該公司駐日負責人向他打招呼：「競爭就要開始了，讓我們好好做吧！」

對於 R 公司駐日負責人的一句寒暄話，幸之助感到不知所措。如果同是日本人，在這樣的情況下，他一定會回答：「好，我們好好做下去吧！」

幸之助聽到對方直截了當地說到競爭，心想對方未免抱著太大的把握和信心吧！

幸之助非常佩服對方毫無保留的認真態度，他認為就是憑著這種堅決的信心，才能在美國成為一家優秀的製造廠吧！為回應 R 公司的挑戰，中央研究所與第二事業部的技術人員在短期內成功開發高性能乾電池，品質毫不遜於對方。

社會一般人士都認為松下幸之助寶刀未老，「國際牌」乾電池的地位獲得確保，這件事使幸之助非常高興。他認為這不僅是好勝心使然，由於雙方之間的良性競爭，都願意把更好的產品貢獻給社會，這種熱誠和認真，才能使松下電器屢獲好評。

經過這些合作與競爭的努力，松下電器終於建立了本身獨特的技術基礎。

一九五一年九月，民營電台廣播開始，收音機需求量大增，為了產品更加普及，幸之助決定建立新的分期付款銷售網。

這一年十月，與全國各地代理店共同出資，設立「『國際牌』收音機分期付款銷售公司」。

　　松下電器的收音機產品銷量迅速成長，新的銷售制度逐漸擴大，終於成為收音機以外的綜合性分期付款銷售公司，松下電器的市場地位更加鞏固。那時腳踏車代理店的利潤微薄，即使是一流產品，也只有百分之四至百分之五的利潤，而電器卻高達百分之十，相差懸殊。腳踏車業界不太穩定，倒閉的公司不少。

　　薄利多銷是資本經濟的缺陷，這其實是非常自私的做法。薄利多銷，換句話說就是降低薪資，或許可以賺錢一時，然而最後必定會使絕大多數人陷於貧困，使業界陷於混亂。幸之助認為自己要糾正這種錯誤，於是決心建立有力的銷售網。

　　所謂「有力的銷售網」，也就是對消費者做到充分服務的意思。有了充分的服務，即能得到消費者滿意的支持，經銷店經營才能安定下來，從而使製造商安定地發展，促進人們更豐裕地生活，達成社會繁榮的目標。松下電器開始產銷全面性的電化產品，如洗衣機等。

　　最早銷售的洗衣機，價格每台四萬六千日元，僅僅是攪拌式的簡單構造，不但受到一般消費大眾的歡迎，也象徵女性從家事的桎梏中解放出來，提升了婦女的地位。

　　這一年的十二月推出電視機，是十七英寸的機型。推出前，先用巡迴車到各地展示，受到廣泛的歡迎。電視機和收音機一樣，隨著民營廣播網的發展，成為新的強力大眾傳播媒體，也形成電器產品流行的推動力。由於電視普及家庭，給予國民的生

活與文化極大的影響。

一九五三年,推出第三種大型家電——電冰箱。

戰後因生產冰箱供應駐日美軍獲得佳績的中川電機,要求加入松下電器系列工廠。這家工廠的前身,是早年曾為松下電器第一批電扇底盤籌辦訂單的川北電氣,現在卻成為松下電器的一員,也是幸運了。

電視、冰箱、洗衣機推上市面,改變了人們的生活,帶來了嶄新的電器化時代。其他小型家電,如果汁機、烤麵包器、咖啡爐、吸塵器、蒸氣電熨斗等五十種以上的新產品,也在一九五○年至一九五三年間,陸續開發推出。

一九五三年夏季之後,開始呈現經濟衰退的趨勢。

松下幸之助以總公司優先,削減一半經費,並立刻著手整個公司的經費緊縮,謀求資金應用效率化。同時決定採用「本部制」機構,分別設立管理、事業、技術、營業四大本部,集中經營。本部制乃是集合眾智,將分權化和自主經營加以整體發揮的經營,因此,每星期舉行一次本部部長會議,以求整體協調。

一九五四年,松下電器與日本勝利公司合作,該公司的商標「勝利者」在戰前非常有名。後因遭受空襲損失重大,美國的母公司又忙於戰後重建,自顧不暇,眼看著就要撐不下去,最後由日本興業銀行出面,請求松下電器予以協助。

幸之助覺得好不容易才建立起來的日本「勝利者」品牌,如

果任它消失，實在是日本產業界的一大損失，於是在這一年一月
正式簽約合作。同時，幸之助認為，正當的競爭才能發揮「勝利
者」的特長，才能求得真正的發展。松下電器就在與「勝利者」
的競爭下，獲得了今天的進步。

制定公司五年計畫

一九五六年一月，松下幸之助發表「五年計畫」。

松下電器每年年初，都要召集公司幹部舉行經營方針發表
會。幸之助習慣在發表會前和祕書就發表內容進行商議。這一
年，幸之助與祕書進行了多次交談，他把資料記在本子上，並以
此擬訂當年的經營方針。

同年一月十一日舉行了發表會，幸之助總結了上一年度的
經營狀況，以及本年度的經營指標：

從今年開始，在以後的五年內，松下電器每年的營業額
要遞增三成，去年的營業總額為兩百二十億元，五年後要達到
八百億元；員工每年以一成的速度增加，由現在的一萬一千人擴
充至五年後的一萬八千人；資產總額由現在的三十億元，增加到
五年後的一百億元。

這就是松下幸之助的「五年計畫」。像這樣的長期計畫，只
有政府才制定頒布，在私營企業，松下幸之助算是絕無僅有。與
會者既新奇，又振奮，議論紛紛。

這時，主持會議的常務董事大膽地提出疑問：「您制定這麼龐大的計畫，有什麼根據嗎？」

幸之助說：「松下電器從韓戰後轉為景氣以來，營業額一直處於上升趨勢，年營業額去年達到兩百二十億元。根據政府的統計，國民生產總值正以每年百分之三十的速度成長。如果松下電器每年能達到這個成長速度的話，五年後即可達到八百億元的營業額。其他兩項，也是根據相關成長的指數而確定的。」

幸之助胸有成竹，躊躇滿志地繼續說道：「我想，在座的不少人會提出這樣的疑問：『這麼遠大的目標能達成嗎？』不但你們，我自己也提過這樣的疑問──可我非得制定這麼宏偉的規劃不可。眾所周知，我們公司擁有幾百家代理店、幾千家連鎖店，背後還有幾千萬消費大眾。當他們為了提高生活水準，需要電器商品的時候，如果得不到供應，只好安於貧乏的生活了。所以我們必須事先預測市場的需求，立即做好充分的準備──擴大規模，更新產品，免得到時候手忙腳亂。這是時代賦予我們的崇高使命，我們每個松下電器人，義不容辭，責無旁貸。」

幸之助把自己逼得沒有退路。這是他一貫的作風：逆境逼人發奮；處順境之中，要對自己施加壓力。為實現「五年計畫」，幸之助制定了一系列方針、措施。專業化生產，有益於提高技術，增大產量，管理單一。幸之助將原來的十一個事業部，再細分成十五個。取消原來以數字排列的名稱，直接以產品名稱命名事業部。如收音機事業部、洗衣機事業部……

興建自動化工廠，在「五年計畫」發表的前一年就開始了。

幸之助訪問歐美，對各工廠的自動化流水線極感興趣。歐美採取自動化作業多是出於人工作業成本高。日本勞動力廉價，有沒有這種必要呢？

幸之助認為：「日本工人的薪水將會隨著經濟的發展而同步成長。我們不能等勞動力昂貴之時，再採用自動化。另外，自動化的準確、精密、快速、高效，是人工無法比擬的。龐大的投資，完全可以透過大量產出而消化掉。」

一九五五年，門真電視機廠落成，投入大量生產。按照「五年計畫」，門真廠產出的電視機，還遠達不到預定的指標。一九五七年，總公司與電視機事業部投入巨資，在大阪的茨木鎮興建規模龐大的自動化工廠，所有的流水線加起來有幾十公里長。茨木工廠於一九五八年七月落成，月產量由過去的一萬台電視機增加至三萬台。

除此之外，各事業部都在大興土木，增添設備。與飛利浦公司合資的松下電子高級工廠，堪稱松下電器新式工廠的典範。除建築外殼由日本的建築事務所設計，流水線設備，或從國外購入，或按飛利浦公司的圖紙製造。整個工廠一塵不染，恍若置身於東京大學的現代化實驗室。

日本的企業界，把松下電器公司的高級工廠、茨木工廠，評定為世界一流水準的新設備、高產量的工廠。各國來訪的政府

首腦，紛紛來松下電器新工廠參觀。松下電器的新工廠成為日本企業的明珠，屬於日本國民的驕傲。

日本天皇及首相，介紹日本工業時，莫不以松下電器的新工廠作為話題。至於各國政界、商界人士慕名而來的參觀者，更是絡繹不絕。

至一九六〇年，松下電器接待的外賓人數已逾三千人次。從此，松下電器的名聲遠播世界。

松下幸之助常在公司會議上宣讀各國首腦及來賓的留言：

從松下電器的工廠，我看到了日本的希望。

我原先小覷了日本人，我現在不得不刮目景仰──未來世界電器產業的霸主，屬於日本，屬於松下電器！

松下電器的生產突飛猛進，銷售業績亦不凡。原先最擔憂的「三大神器」的銷售，由於採取了分期付款的方式，反而供不應求。

這五年，也是海外銷售高速發展的五年。

一九五八年，松下電器的海外年銷售額，由四年前的五億元，飛速成長至三十二億元。業績可喜可賀，令人鼓舞。

幸之助卻說：「不，太慢了！應該以更高的速度成長！」

負責海外銷售的，是松下電器的貿易有限公司。幸之助發起一項活動──「假如我是海外推銷員」，要求所有員工向貿易

公司提出合理化建議。貿易公司在短期內收到數千條建議。

幸之助也提了一條建議：「做任何生意，必須遵循一條原則，這就是做生意的對象。松下電器如果真的想在海外銷售方面有大的突破，負責經營的人就不能只站在公司的立場看問題，同時必須站在消費者的立場上，看看他們需求什麼，期待什麼。這樣才能制定合理的銷售方針。」

貿易公司制定出市場調查先行的方針。這種方針，也成為日後日本企業開拓國際市場的行銷謀略。貿易公司還著手把設在海外的銷售據點，擴充為銷售網。美國是全世界最大的消費市場，消費總額占了全世界的五分之二。

美國人購買力強，任何昂貴的電器商品，在他們眼裡只是小菜一碟。因此，貿易公司把海外銷售的重點放在美國。

一九五三年，松下貿易公司在紐約設立辦事處，次年改為美國分公司。

一九五九年九月，設立當地法人的銷售公司——美國松下電器，公司地點位於紐約附近的紐澤西州。同年十一月，松下電器國際總部成立，辦公地點在紐約的著名建築——泛美航空大廈內。

國際總部除負責產品外銷外，還經營松下電器的資本、技術的輸出。輸出體制的強化，使「國際」牌手提收音機成為世界暢銷商品，「國際」商標開始為世界消費者所認識，開始贏得國

際聲譽。

持續發展慎重周密

　　一九七三年，松下幸之助虛歲八十歲，可謂功德圓滿，事業有成，該頤享天年了。幸之助自一九六一年從社長職位上退下來，致力於 PHP 運動。松下幸之助退居二線，正值公司最景氣之時。他對公司的現狀有一種功成名就的自豪感，此時，他又有何驚人之舉呢？

　　一九七三年，松下電器舉辦記者招待會，幸之助面對記者及同僚說了下面一席話：「用虛歲來說，我今年正好八十歲。創業五十五年來，該做的事我都做了。現在，連我都想摸摸自己的腦袋，說一句『做得不錯嘛』。我希望建立新生代的松下電器，所以決定辭去會長一職，轉任最高顧問。」

　　幸之助每次講話，眾人都會做好鼓掌的準備，現在卻愣在那裡。接著有記者發問，幸之助平靜道地：「該說的我都說了，空出的會長之位，由專務董事高橋荒太郎接任。社長一職，仍是我的養子松下正治。」

　　這一年的十一月二十七日，公司高級主管在大阪皇家飯店為幸之助祝壽，並舉行「感謝顧問會」。

　　幸之助偕妻子梅乃出席酒會。在此之前，幸之助曾表示：自此澈底退隱江湖，潛心 PHP 研究。就在幸之助壽日的前一個

月，埃及與敘利亞突然襲擊以色列，由此而爆發石油危機，嚴重依賴海外資源的日本產業立即陷入困境之中，赤字如瘟疫般在各企業間蔓延。

幸之助的人生有三次重大危機。第一次是一九二〇年代末的世界性經濟危機；第二次是日本戰後國民經濟崩潰，松下幸之助被指定為財閥；這是第三次。因此，「感謝顧問會」實際上成了「挽留顧問會」。

幸之助在席間一再表示：一定與數萬員工一道共渡難關。他說：「臨事只顧個人安危，是弱者的表現。處於這種非常時期，唯有抱著大我的觀念，擯棄私利，才能擺脫困境。」

松下電器很快從不景氣的陰影中走了出來。幸之助總是在公司最景氣之時，急流勇退；在公司陷入危機之際，身先士卒，拋頭露面，給人力挽狂瀾的印象。

一九七七年一月十七日，松下電器社長松下幸之助在東京的記者俱樂部，發表了上一年十一月的公司結算：十一月份年營業額為一兆三千六百億元，比上一年度成長百分之二十三；經常性利潤為八百四十二億元，比上一年度成長了百分之九十二。年營業額及利潤漲幅這麼大，委實令人吃驚。

接著，幸之助發表了更令人吃驚的談話：「下個月二月十八日的股東大會後，要進行董事改選，內定會長高橋荒太郎退休後擔任顧問，松下正治接任會長，山下俊彥董事升任為新社長。」

　　記者最吃驚的不是人事變動本身，而是山下俊彥太陌生了。記者互相打聽：「山下俊彥是什麼人，你知道嗎？」

　　沒半個記者熟悉山下，而且委以重任，真叫人摸不著頭腦。記者手中營業報告書中的董事名冊中，的的確確印有山下俊彥的大名。二十六名董事，他排行第二十四位，僅一名普通的資淺董事而已。

　　這真是出人意料，平步青雲，他憑藉什麼呢？日本的政界商界，皆以論資排輩升遷為慣例——記者連珠炮彈地發問。

　　幸之助回答道：「用一句話來回答，就是要下決心讓組織年輕化。身為會長的我已八十三歲，從會長退任顧問的高橋則七十三歲，而新當選為社長的山下俊彥才五十八歲，比我年輕二十五歲……這就是人事變動的主要原因。」

　　事實正如幸之助解釋的那樣嗎？記者仍心存疑竇，進行種種分析揣測。幸之助不滿意養子正治，這已是公開的事實。一九六一年，幸之助把公司的社長職位交給正治，但事實上，仍由幸之助親政，大權並未放手。正治的品行無可挑剔，但缺乏駕馭巨型企業的能力及氣魄，終究給人扶不起的阿斗的感覺。

　　從公司的發展來看，幸之助早該退下來。正是因為他尚可親政，也就讓他懸在高位之上。

　　幸之助經歷了與盛田昭夫「錄影機規格之爭」，雖爭取到主動權，總有力不從心之感。他勞碌了一輩子，如今精力日衰，便

不想再親政，而醉心於 PHP 研究。

幸之助早就應該把社長之位交給高橋荒太郎。高橋忠誠能幹，是公司實質的「大掌櫃」。接觸過高橋的人普遍認為：高橋絕不會有篡權的野心。但人多勢眾的高橋派在無形中形成，已是不容爭辯的事實。

記者們大都認為：松下幸之助出於對「家庭事業家庭傳」的考慮，不放心高橋出任社長一職。

為感謝高橋對松下電器的貢獻，幸之助於四年前從會長之位退下時，讓高橋繼任會長。會長與社長，形如日本天皇與內閣首相，前者地位最高，後者權力最大。

再者，高橋這位會長身後，還有最高顧問松下幸之助。按慣例，社長可「升」為會長，會長不可「降」為社長。

幸之助在面子上做得很得體，盡了業主之情，高橋對松下幸之助終生感激不盡。

記者把種種分析都歸結為一點：松下幸之助苦心孤詣作這番安排，一切都是為了家族事業，讓具有松下幸之助血脈的人繼承龐大的產業。松下幸之助的女婿，同時又是松下幸之助的養子松下正治年紀尚輕，他無論資歷和能力都不可能勝任社長一職。那麼，在松下正治羽翼豐滿之前，必須有一人充當過渡的角色。

現在問題又回到原點上：為什麼要委此重任於名不見經傳的山下俊彥呢？還是聽聽松下幸之助怎麼說吧！他的話最具權威

性。

　記者的請求終於有了回音，幸之助很樂意接受採訪。是日，記者被帶進顧問辦公室。八十三歲的幸之助顯得老態龍鍾，他站起來迎接記者時腳步不穩。

　在接受記者的名片之後，幸之助也掏名片回贈記者，但他雙手顫抖，怎麼也掏不出來。總之，給人大病初癒的感覺。

　幸之助長期住在總公司旁邊松下醫院的專用病房，與其說在治病，不如說是養病。他一生中的相當一部分歲月都是這麼過來的。他能憑雙手開創這麼龐大的基業，令在座的記者肅然起敬。

　幸之助說話時聲音微弱，但頭腦非常清晰。

　問：「您是什麼時候開始考慮提拔山下先生的呢？」

　答：「這次人事變動，是很突然出現在腦海裡的啊！四年前，我退任高級顧問，讓高橋任會長。那時高橋和正治還能通力合作，但是高橋這段時期裡健康狀況不太好，這自然是工作太繁重的結果。我找高橋談話，正好高橋也有意急流勇退，因此這件事就這麼定下來了。社長人選的條件有幾項，其中一項是必須年輕，能負十年的責任。基於這樣的考慮，就不能從四位副社長、五位專務董事中挑選了，他們最年輕的都超過六十歲了。因此，我以既年輕又是社長最佳人選的標準篩選又篩選，浮現在腦海裡的就是山下俊彥了。」

問：「您對山下這個人，以前有過什麼評價嗎？」

答：「我認為他是一個果斷的人。他匯報工作，條理清晰，我們聽後，如同身臨其境，瞭如指掌。我們曾派他去解決很棘手的問題，他來總部從不發牢騷，只說進展順利，也確實很快就解決了問題。他是個沉默寡言、默默實幹的人。這種實力，不論公司大小，都是一樣重要。」

接著，幸之助大談公司在新時期面臨的危機。幸之助對山下寄予厚望。

幸之助在任命山下為社長時曾表示：「從此我將澈底退隱江湖，不再過問公司的事務。」

幸之助的這段表白，體現出他對山下的信任，鼓勵他放開手腳去做。幸之助對松下電器有著親子般的感情，不過問，並不等於不關心。

關於企業領導者所處的位置，幸之助曾有一段精闢的論述：「當員工一百人時，我必須站在員工的最前面，身先士卒，發號施令；當員工增至一千人時，我必須站在員工的中間，懇求員工鼎力相助；當員工達到一萬人時，我只要站在員工的後面，心存感激即可；如果員工增到五萬人至十萬人時，除了心存感激還不夠，必須雙手合十，以拜佛的虔誠之心來領導他們。」

山下俊彥任社長的第五年，在實行遠景目標改革的同時，並沒有犧牲短期效益。年營業額由他就任社長的一兆四千三百億

元，上升至兩兆三千四百億元；經常性利潤由九百七十七億元，提高至一千七百一十五億元。可以說，山下業績斐然，不負眾望。經營方針發表會，自然是在喜慶的氣氛中開幕。

按慣例，是先由山下社長發表經營方針，然後會長補充並勉勵，最後是松下幸之助顧問訓示。但這一天，幸之助搶在山下之前突然登台，十分激動地站在麥克風前。眾人愕然，屏息聆聽。

幸之助的聲音很微弱，口齒不清，但看他面紅耳赤的表情，知道他要怒斥：「最近，聽說有幾名職員說：『松下電器不能成為金太郎糖。』（注：金太郎糖是一種圓棒形糖，無論怎樣切，斷面上都有金太郎的面部形象）簡直是豈有此理！說出這樣混帳的話！為什麼『金太郎糖』不行呢？松下電器精神不就是要所有成員團結一致、堅如一座磐石嗎？我希望你們記住出發點。」

松下幸之助戰戰兢兢，山下俊彥表情嚴峻，會場鴉雀無聲，都感覺到顧問的衝天怒火。

幸之助並沒有訓斥某一個人，某一個部門，仍是以松下電器精神講話。幸之助講話的實質精神是什麼呢？不僅數千公司幹部沒聽懂，就是與幸之助最接近的高級主管一時也沒領悟。

從字面上理解，幸之助是推崇員工做金太郎糖的——大家的思維、言論、行為猶如從一個模子裡翻出來的。

可是，幸之助一貫教誨的「不墨守成規富有創新」、「要有自主經營的精神」又該怎麼解釋呢？現在公司的經營方針違背了松下電器精神嗎？松下電器精神到底是什麼？

有「松下幸之助傳教士」之稱的高橋荒太郎曾說：「松下電器精神就是松下幸之助本身。」松下幸之助對這句話大為讚賞。這是不是有些玄乎？

據日本經濟評論家分析，暮年的松下幸之助，墮入一種極有權勢領導人常有的老年情結。他說的話，可從任何角度去理解；無論事情的結果是好是壞，都可以證明他說的話是一貫正確的。如此，對於代表松下幸之助行使最高領導權的山下來說，事情最不好做，又最好做。

事後，一記者問幸之助：「目前的公司是不是偏離了松下電器精神？公司現在缺乏的是什麼？」

幸之助回答：「這是大家都在思考的事啊！」他的話仍舊模稜兩可。

幸之助對公司的狀況很不滿，但是，他是不滿員工的思想表現呢？還是不滿山下推行的改革舉措？答案是「這是大家都在思考的事啊」。

無論怎麼說，身為社長的山下對公司發生的一切是負有責任的。山下先自我反省，然後在公司反省。因幸之助的指向不明，山下的反省就沒有什麼實質內容，算是一種閃爍其詞的「精

神反省」吧！

山下不比高橋，高橋能夠理解幸之助的心事，按幸之助的意願去辦。

山下不善察言觀色，更不會見風轉舵。因此，他也就不會將正在實施的改革舉措半途而廢。或許，當初幸之助委任他，正是看準他不屈不撓的頑強個性。對這件事，我們不好輕易對暮年的松下幸之助下「世故圓滑」的結論。

筆者認為松下幸之助是極明智的，他意識到他的思維跟不上高科技的新時代，就不再對某件具體的事加以肯定或否定。他「不過問」公司事務，實則比「過問」更好。因此，他講話，基本都屬精神範疇，不涉及具體內容。

一九八六年，山下俊彥任期屆滿，卸下社長一職。任期不是主要原因，主要原因是他不是松下家族的人。山下也未依照慣例，由社長而改任會長，而是越過會長之位擔任顧問，會長仍由松下正治擔任。松下正治不受任期限制，原因不言而喻。

社長一職，由谷井昭雄擔任。谷井將會與山下一樣，當松下幸之助「家族事業家族傳」的鋪路石。

當然，他們是有稜有角、不同凡響的鋪路石。家族事業能否家族傳，一直是幸之助的一塊心病。在資本主義社會，私有財產受到保護與尊重。對創建龐大的家業，並且能順利地傳給後代使之發揚光大的人，被視為民族英雄。因此，對於松下幸之助抱

有「家族事業家族傳」的頑強信念，我們不能以通常的概念加以評判。

如果站在澈底排除私情的角度，來評判家族事業該不該傳於後代，應該看是否對家族事業有利。如果處理不當，將會為家族事業帶來無法彌補的損失。

東急公司創始人五島慶太，不顧以副社長大川博為首的一批下屬及友人的反對，執意讓他三十七歲的長子升任社長。結果，五島慶太一死，大川博辭職，投奔東急公司的競爭對手東映公司，使東急一時方寸大亂，措手不及。

松阪屋公司是伊藤家族一手創立的。伊藤家族的人認為自家人執掌公司大權是名正言順的事。一九八五年，繼任社長一職的伊藤洋太郎與家族「總管」鈴木正雄對立。結果，股東與員工聯合起來把伊藤洋太郎趕下台，讓鈴木正雄擔任社長。

為什麼會出現家族事業創始人的後代無法控制局面的現象？

首先，後代不再有創始人至高無上的權威；其次，後代可能人品、能力不及第一代，無法讓員工誠服；最後，也是至關重要的一點，日本的遺產稅法，會使傳及後代的遺產所剩無幾，家族在公司占有的股份將會銳減，不再擁有控股權的優勢，這樣一來，家族事業只是名譽上的。

幸之助很清楚這其中的利害關係及奧妙，他內心非常渴望

在他有生之年看到孫輩繼承自己的事業，但他從不在言談中表現
出來，更不會倉促行事。

　　不幸的是，繼承幸之助血脈的人非常少。幸之助唯一的兒
子松下幸一不滿週歲便夭折，此後梅乃不再生育，倆人僅有一個
女兒幸子。為了使家族事業後繼有人，幸之助將女婿平田正治招
為養子，改姓為松下正治。

　　所幸正治和幸子先後為幸之助生下孫女敦子、孫子正幸與
弘幸。長孫正幸生於一九四六年，幸之助對他疼愛有加，祈盼他
早日繼承家業。

　　松下正治出身世家，畢業於名校東京大學，對養父兼岳父
幸之助忠心耿耿，但缺乏了領導大企業的魄力。

　　當年，以住友銀行會長為首的一群朋友竭力勸阻讓松下正
治任社長，力薦高橋荒太郎。正治力排眾議，固執己見。正治繼
社長之後又任會長，幸之助「家族事業傳至第二代」的夙願，總
算有個圓滿的結局。

　　現在是如何傳至第三代的問題了。

　　一九七八年，松下正幸三十二歲，松下家族第三代傳人的
培訓正式開始了。正幸的姐夫關根恆雄開始拋頭露面。關根的父
親經營建築行，論財富，不及其妻敦子的祖父松下幸之助，論門
第，比不上岳父松下正治。

　　關根曾在美國加州大學建築系學習，在美期間，認識赴美

旅遊的敦子，兩人相愛相戀。婚姻大事，還必須得到祖父的認可，幸之助對關根進行了嚴格的面試，認為他忠誠可靠，才同意關根成為松下家族的成員。

幸之助後來把純粹的家族公司「松下興產」交給關根管理，公司業務以房地產為主，正好與關根的專業吻合。關根在大阪建了一幢全日本最高的建築——商業辦公大廈，成為同業的驕傲。

為報答幸之助的培養之恩，關根對正幸的接班培訓熱情備至，盡心效力。他建議幸之助讓正幸來松下興產工作，幸之助欣然贊同：「嗯，好主意，就交給你辦吧！」

於是正幸成為松下興產下屬公司——松下物流倉庫的社長。正幸畢業於慶應大學經濟系，進入松下電器任職期間停職赴美，在賓州大學進修一年。期滿後進入美國 3M 公司工作。一九七二年被其父正治召回日本，到松下電子公司任職。

正幸還沒有獨立管理公司的經驗，他擔任松下物流倉庫社長，可謂是「戰前練兵」。

眷戀發展著的事業

一九七五年，在幸之助八十一歲的時候，有一位朋友送來一幅立軸，上面寫著「半壽」兩字。幸之助不知其中奧妙，就向他請教。朋友解釋說：「『半』字拆開，可看作是「八十一」，你恰好就是八十一歲。」

　　朋友又笑著說：「不過這裡還有一層更深的意思，讓我說給你聽。如果八十歲是『半壽』的話，『全壽』是兩個『半壽』，也就是一百六十歲歲。祝你能活一個『全壽』。」

　　幸之助聽了哈哈大笑，說道：「好，借你吉言，我一定要活一個『全壽』，活到一百六十歲。」

　　在這以前，幸之助曾說過自己要活一百零六歲，那樣他就可以跨越十九世紀、二十世紀和二十一世紀了。

　　後來，當幸之助聽到日本有個老人活了一百二十四歲的時候，他又說自己要活到一百三十歲，要打破日本的高齡紀錄。

　　當時立花法師聽說此言，就託人捎話，對他說：「這樣的話還是不要亂講比較好。萬一你活不到一百三十歲，豈不是讓大家笑話你嗎？」

　　幸之助平時很願意聽立花法師的話，可這回他只是笑笑，好像很不以為然。而現在，他的話越說越大，居然又說自己要活到一百六十歲了！

　　松下幸之助曾說過：「身為人來到這個世界，做人成功才是最重要的，在這個意義上，我還遠遠稱不上是成功。」

　　幸之助雖然步入老年，但他總覺得還有許多事情未做，也許一百六十歲還不夠呢！可是，在九十五歲那年，他得了肺炎，病倒了。

　　家屬把他送到醫院，幸之助喘不過氣來，醫生決定在他的鼻子裡插上氧氣管幫助呼吸。

　　醫生對他說：「現在要把管子插進去，會有點痛苦，請您忍耐一下，不好意思！」

　　幸之助無力地躺在病床上，他的頭腦卻一直很清醒，他聲音微弱地說：「不，受照顧的是我，要說『不好意思』的人應該是我。」

　　可是他畢竟太老了，這一次他閉上眼睛就再也沒睜開，那一天是一九八九年四月二十七日。

　　松下幸之助的生命，應該是一種奇蹟。他自幼體弱多病，家人甚至幸之助自己都認為活不過二十歲。他青壯年時，身體仍不好，並且常患當時死亡率很高的肺炎及肺結核。因此，幸之助活過二十歲後，就開始擔憂活不過三十歲，活過三十歲就憂心撐不到四十歲，撐到四十歲就憂慮盼不到五十歲了。

　　「我能活到現在，真是不容易啊！」幸之助常常發出這樣的感慨。

　　松下幸之助給人的感覺，就像羸弱的樹苗，經受著風雪冰霜，卻始終未被折斷。五十歲壽辰、六十歲壽辰在僥倖的心情下度過，幸之助有股「活夠了」的滿足感，事業有成，年歲漸高，松下幸之助不再恐懼死亡。

　　人們在探討松下幸之助生命現象時指出：怕死之人易折壽，

是松下幸之助對事業的頑強信念，支撐著他那脆弱的生命。

　　一九六六年，七十二歲的幸之助參加友人家舉行的小孩成年的「弱冠儀式」。面對著一群朝氣蓬勃的年輕人，幸之助豔羨不已地說：「如果我能夠再像你們這麼年輕，我願意拋棄所有的一切來換取它。」

　　一九七八年，作家石山四郎向幸之助請教「青春永駐」的祕訣，八十四歲的幸之助小孩似的興奮地回答：「可能是對未來充滿希望的緣故吧！」

　　幸之助的真庵寓所，有一幅以「青春」為題的親筆字墨，以此為座右銘。「青春，就是永保年輕的心。只要你充滿希望與信心，勇敢地面對每一天，並全力以赴，那麼，青春便永遠屬於你。」

　　一九八四年十一月二十七日，幸之助迎來自己的九十歲壽辰。在壽辰之前，幸之助收到了上千封祝壽的賀信、賀電。幸之助也回贈了謝函。

　　謝函使用了精美的印刷品，署名卻是幸之助用毛筆親手簽寫的。在謝函中，幸之助再一次表現了自己對生命的態度。

　　托您的福，我健康地迎來了九十歲。您在百忙之中，還為我的事費心，我很過意不去。同時，我也十分高興，衷心地感謝您。

　　從幼時起身體一直不大健康的我，竟能長壽至今日，自己

做夢也不曾想過。儘管這麼說，畢竟到了九十歲，難以對健康有信心了。如今也感覺到了身體的衰弱。

今天的日子來之不易，把今天——我的生日當作一個新的起點，活著度過三個世紀是我生存的意志力所在。願盡所能，全力貢獻我微薄的力量，就算是我自作主張，答謝您厚愛的一種方式吧！

生老病死，乃自然規律。生命力再旺盛的人，也有生命終結時。

一九八九年四月二十七日，松下幸之助因肺炎去世，享壽九十五歲。幸之助未能像自己希望的那樣，活到二十一世紀，但他活到如此高齡，仍是一件值得慶賀的事。

如果說，松下幸之助還有什麼遺憾的話，就是他未能親眼看到長孫松下正幸繼承家族事業。家族事業傳至第三代雖未有圓滿的結局，但幸之助在做法上卻十分圓滿。他其實完全有權勢，在有生之年任命正幸當社長。

松下幸之助晚年榮耀之極。下列所述，是一九五八年至一九八八年，松下幸之助六十五歲至九十四歲的三十年間，所獲得的重要榮譽：

一九五八年六月，荷蘭女皇鑑於松下幸之助對促進荷日兩國經濟交流所做的卓越貢獻，代表政府授予「奧倫治領導者聲望獎章」。

　一九五八年至一九六二年，美國《時代》雜誌、《生活》雜誌、《紐約時報》等報刊對松下幸之助進行專題報導。其中一九六二年二月二十三日出版的《時代》雜誌，選定松下幸之助為封面人物。

　一九六四年九月，美國《生活》雜誌在東京奧運會前，出版了一期日本專輯，以松下幸之助為封面人物，評價他是一位偉大的企業家、哲學家、暢銷書作家，是「融合福特（美國汽車大王）與雅幕嘉（美國牧師兼作家）為一體的先驅者」。

　一九六四年，日本《每日新聞》舉辦全國高中生投票評選「你最尊敬的人物」活動，松下幸之助得票數名列第一。

　一九六五年，鑑於松下幸之助對日本社會所做的貢獻，早稻田大學授予松下幸之助名譽法學博士學位。

　一九六五年，榮獲日本昭和天皇頒發的「二等旭日重光勳章」。

　一九七〇年，榮獲政府頒發的「一等寶瑞獎章」。

　一九七六年，松下夫婦赴美參加洛杉磯市日裔週慶典活動，洛杉磯市長把松下幸之助到過的那天定為「松下幸之助日」。

　一九七九年，鑑於松下幸之助對馬來西亞產業發展所做的貢獻，大馬政府授予松下幸之助「邦克里瑪·滿克·厄瓜拉勳章」。

　一九八一年，榮獲日本政府頒發的「一等旭日大綬勳章」，

這是日本至高無上的榮譽。

作為企業家的松下幸之助，同時又是慈善家。松下幸之助樂善好施，用他的話說：「我的財富及榮譽是社會給我的，我必須回報社會，以完成我感恩圖報的理想。」

下面是松下幸之助獻身社會所從事的重要公益慈善活動：

一九六一年三月，捐贈兩億元當作松下電器員工福利基金。

一九六四年二月，捐款在大阪修建交通設施。

一九六八年五月，鑑於交通事故的增加，在公司創業五十週年之際，捐獻五十億元當作「防止兒童交通事故對策基金」。

一九六八年十二月，為發展人口稀疏地區的產業，松下電器在人口最少的鹿兒島開設工廠。

一九七〇年，在大阪舉辦的萬國博覽會期間，松下電器與《每日新聞》合作，展出「時代之艙」。所謂時代之艙，是把一九七〇年人類文化的兩千零九十八件物品及紀錄，裝入特殊的金屬容器中埋入地下，把現代文明留給五千年後的人類。

一九七三年七月，辭去會長改任顧問之時，捐款五十億元給日本政府。

一九七四年，鑑於全世界發生石油危機，日本陷入經濟蕭條，通貨膨脹，松下幸之助出版《如何拯救正在崩潰中的日本》一書，發行六十萬冊，影響深遠。

　一九七六年，PHP 研究所創立三十週年之際，松下電器斥資七十億元，建立為日本培養二十一世紀人才的松下政經塾。

　一九八〇年，松下電器與松下幸之助各捐贈五十億元設立教育基金。

　松下幸之助已成為歷史人物，我們該如何評價他？

　松下幸之助是日本現代史上最成功的企業家。幸之助出身微賤，白手起家，憑著自己的不懈努力創建了龐大的商業帝國。Panasonic 是當今世界三大電器企業之一，在日本電器行業一直排列第一，在日本最大的百家大型企業中排行第十二位。松下幸之助本人長期在日本富豪榜中雄踞首位。

　在日本，情況與松下幸之助相仿的，大概只有摩托車之父本田技研工業，伊藤忠商社、三菱集團、三井集團、住友商社、豐田汽車等大型集團的資產額雖在松下電器之上，但它們是經歷數代人累積的結果。

　松下幸之助是經營之神。日本著名經濟評論家池田政次郎說：「現在，一提到松下幸之助，一定會在他的名字之前冠以一個頭銜，那就是『經營之神』。這個頭銜到底是誰提出來的？從什麼時候開始普及的？ 沒有定論。可以說是自然產生的，日本的社會大眾很自然地就替松下幸之助冠上了這樣的頭銜。」

　在日本與國外，凡是談及現代日本企業管理，首推 Panasonic 與豐田汽車。一九九〇年，日本《每日新聞》刊出一

篇報導，題目是「日本大學生眼中，最受歡迎經營者排行榜」。
松下幸之助又排名第一。此時，松下幸之助已去世一年，足見經
營之神的獨特魔力。

松下幸之助是理想主義實踐家。松下幸之助是一名商人，
商人的共同特點是務實。而松下幸之助卻帶有強烈的理想主義色
彩。

一九九〇年代，日本有一部名為《日本商魂》的權威著作，
該書介紹了三位跨世紀的傑出企業家：石田退三，即豐田汽車第
三任領導人，被譽為豐田中興之相；土光敏夫，曾任 IHI 公司
與東芝公司社長；另一位就是松下幸之助。石田退三與土光敏夫
都是澈底的務實派，而松下幸之助既務實又追求理想。

該書作者池田政次郎如此評價松下幸之助：

在更早以前，他就是一個「精神主義」的實踐者，他的經營
方法已經非常突出了。晚年的松下幸之助，與其說是經營者，更
應該說是教育家、道德家、思想家、社會活動家，更可稱為宗教
家。他的形象確實令人眼花撩亂，很難局限在「經營之神」的小
框框裡。

松下幸之助是道德完美主義者。在弱肉強食、爾虞我詐的
競爭社會中，有的人採取以毒攻毒、以牙還牙的方式；而松下幸
之助卻能採取善意的態度安身立命、為人處世，追求道德的完
美，**實屬難得**。

日本作家藤田忠司在他的著作中說道：

經商，是一種不是生、就是死的競爭。自己公司的業績越向上提升，相對的，就有越多的同業逐漸沒落。即使松下幸之助本人沒有扼殺同業生機的意念，可是在松下電器急速成長的陰影下，不知有多少日本的同業相繼倒閉。

松下幸之助曾為此感到十分痛苦。然而，在悟透企業使命之後，他便不再煩惱。

松下幸之助認為，與其讓眾多企業生產品質較差、價格較貴的商品，不如讓少數優秀企業大量生產物美價廉的商品，這樣對業主、對顧客、對社會都有利。

Panasonic 由一家小作坊發展為擁有七百家子、孫公司的產業集團，需要漫長的擴張合併過程。幸之助從不乘人之危吞併，而是遵循商業道德的協商合作。正因為幸之助的善意，幾乎所有的合作者都自動提出歸屬松下公司旗下。

在 Panasonic 的所有產品中，唯有精工生產的電風扇不使用「國際」牌商標。事情緣起為一九一七年幸之助創業之初，生產插座失敗，工廠面臨倒閉。正在這時，川北電氣給了幸之助一批風扇底盤訂單，救了幸之助一命。

投桃報李，一九五○年，松下電器大量生產銷售電風扇時，首先考慮到的是川北電氣。幸之助給了川北電氣大量的風扇訂單，川北電氣生產轉為景氣，相當於救了川北一命。

川北電氣生產的電風扇是透過松下電器的銷售網銷售的，按慣例需要標「國際」牌，而幸之助為報恩，仍使用川北的老牌號「KDK」。

川北後來成了 Panasonic 的關係企業，併入 Panasonic。

在松下幸之助自己的著作與他人評價松下幸之助的著作裡，圍繞在松下幸之助周圍的，都是充滿善意的人。

年幼時，他們教育幫助松下幸之助；年輕時，他們鼎力輔佐；年老時，他們尊敬褒獎松下幸之助。

松下幸之助說：「在人與人的結緣上，我是非常幸運的。」這能僅僅歸結為幸運嗎？主要是松下幸之助以善意待人，即使是一個品行不高的人，松下幸之助也盡量去挖掘對方的優點。

讀者在閱讀本書時，一定會發現一個令人費解的事實：書中不少人名用英文字母為代號。這是因為松下幸之助在著作或接受記者的採訪中，為避免當事人及其後代的不快，同時也擔憂會產生什麼負面影響，而採取的善意方式。

被冠以英文字母代號的人，通常有以下幾種情況：經營不善的失敗者、有某些缺點的人、有不道德行為的人。當然，也有少數人是由於記憶不清或出於商業機密的考量。有少數「字母人物」被記者和作家等考證出來，但大部分由於年代久遠，無從考證。

一九六三年，《朝日新聞》公布「國民人緣排行榜」，松下幸

之助名列第一，可見其人緣極好。其他進入前十名者有前日本首相池田勇人、棒球明星長島茂雄、歌唱家美空雲雀等人。

正如「一千隻大雁，並非都排行飛行」一樣，日本社會對松下幸之助的人品持有微詞者，仍不乏其人。

他們指責松下幸之助：「又要經商賺錢，又要大談道德，實在是虛偽！」但是，這種論調隨著時間推移，漸漸銷聲匿跡。原因何在？這是因為，這些人抱有成見，先入為主。

在古代日本，臣民的排列是：士、武、農、工、商。商人是最下等者，無商不奸，無商不詐，為國民所不齒。所以，在他們看來，商人是沒有資格談論道德的。

隨著社會的發展，人們的觀念不斷更新，人們以經商為榮。尤其是日本，已經躍為一九七○年代世界第二經濟強國，人們更加意識到商業以及商人對日本社會做出的偉大貢獻。如此，以往的種種偏見就失去了市場。

附錄

　　經營者要善用人才，並創造一個能讓員工發揮所長的環境。學歷就好比商品上的標籤，論才用人要看品質，不要只注重標籤價碼。

——松下幸之助

經典故事

執著得到的回報

松下幸之助家境貧寒，為了養家餬口，年輕的他到一家大電器公司求職。身材矮小瘦弱，衣服又破又髒的他被公司的人事主管謝絕了：「我們現在暫時不缺人，你一個月以後再來看看吧！」

本是推託之詞，可一個月後，幸之助真的來了，那位負責人又推託說有事，過幾天再說。隔了幾天他又來了，如此反覆了多次，主管只好直接說出真話：「你這麼髒是進不了我們公司的。」

於是他立即回去借錢，買了一身整齊的衣服穿上後再來。負責人看他如此實在，只好告訴他：「關於電器方面的知識，你知道的太少了，我們不能用你。」

不料兩個月後，幸之助再次出現在人事主管面前：「我已經學會了不少電器方面的知識，您看我哪方面還有不足，我一項項彌補。」

這位人事主管盯著態度誠懇的他看了半天，才說：「我做這一行幾十年了，還從未遇到像你這樣找工作的。我真佩服你的耐心和韌性。」

松下幸之助的毅力終於打動了這位人事主管的心。他終於

如願以償地進入那家公司工作。

神田三郎的悲劇

有一次，松下電器應徵一批推銷人員，考試是筆試和面試相結合。這次應徵的人總共只有十名，可是報考者多達幾百人，競爭非常激烈。經過一個星期的篩選工作，松下電器從這幾百人中選擇了十名優勝者。

幸之助親自過目了一下這些入選者的名單，令他感到意外的是，面試時讓他留下深刻印象的神田三郎並不在其中。於是，他馬上吩咐下屬去複查考試分數的統計情況。

經過複查，下屬發現神田三郎的綜合成績相當不錯，在幾百人中名列第二。由於電腦出了問題，把分數和名字排錯了，才使神田三郎的成績沒有進入前十名。

幸之助聽了，立即讓下屬改正錯誤，盡快發錄取通知書給神田三郎。

第二天，負責管理這件事情的下屬報告了一個令人吃驚的消息：由於沒有接到松下電器的錄取通知書，神田三郎竟然跳樓自殺了！當錄取通知書送到他家的時候，他已經死了。

這位下屬相當自責地說：「太可惜了，這麼有才華的年輕人，我們沒有錄取他。」

幸之助聽了，搖搖頭說：「不！幸虧我們沒有錄取他，這樣

的人是成不了大事的。一個沒有勇氣面對失敗的人，又如何去做銷售！」

年譜

一八九四年十一月二十七日，出生於日本和歌山縣，是松下正楠的第三個兒子，家中排行老么。

一九〇二年，在雄尋常小學讀了四年後退學，進入大阪宮田火盆店當學徒。

一九〇三年，轉到五代腳踏車商店。

一九一〇年，進入大阪電燈公司當內線實習生。

一九一三年，進入關西商工學校夜校預備班。

一九一五年，與十九歲的井植梅乃相親，九月結婚。

一九一七年，離開大阪電燈公司，開始製作改良插座。

一九一八年，創建松下電器製作所；生產改良附屬插頭，僱用三個員工。

一九二一年，長女松下幸子出生。

一九二二年，完成生產與員工教育並進的構想。

一九二五年，首次成為日本最高收入者，年底當選議會議員。

一九二八年，新工廠落成，月營業額為十萬日元，從業人員達到三百名。

一九三五年，將公司改組為股份制。

一九三六年，開始生產電池燈。

一九三八年，成立松下馬達株式會社。

一九四〇年，召開第一次經營方針發表會。

一九四三年，受軍方邀請設立松下造船株式會社、松下航空株式會社。

一九四六年，因協助戰爭被革職。

一九四七年，復職為社長。創設 PHP 研究所。

一九四九年，松下幸之助在年初的經營方針發表會上，強調重視經營危機。

一九五〇年七月，在緊急召開的經營方針發表會上，發表重建企業的宣言。十月，財閥指令等諸項制裁被解除。

一九五七年，開始在全日本設立代理店。

一九五八年六月，接受荷蘭政府頒發「奧倫治領導者聲望獎章」。

一九六一年，辭退社長，就任會長。

一九六五年四月，每週五天工作制全面實施。

一九六八年五月，松下電器創業五十週年慶祝典禮。號召員工致力於「昭和維新」。就任靈山表彰會會長。

一九七三年，辭掉會長職務，改任顧問。捐款總金額五十億日元給日本的各級行政單位。

一九七七年，出版《我的夢，日本的夢，二十一世紀的日本》。

一九八〇年，創立財團法人「松下政經塾」。

一九八二年，開始銷售 CD。

一九八三年，開始銷售影碟。

一九八九年四月二十七日去世，享壽九十五歲。

名言

● 唯有懂得欣賞別人長處，才能領導更多的人。

● 我們把一流的人才留下來經商，讓二流人才到政界發展。

● 勇於要求部下，才是負責任的經營者，也才能突破經營瓶頸。

● 永不絕望的誠懇和毅力，會改變既定的事實，化解人的堅定意志。

● 不管別人的嘲弄，只要默默地堅持到底，換來的就是別人的羨慕。

● 非常時期就必須有非常的想法和行動，不要受外界價值觀干擾。

● 順應社會的潮流和事物的關係，才是企業得以發展的方式。

● 如果你堅持要上二樓，就會想到搬梯子來爬；如果你只想試一試，那就什麼都得不到。

● 有正確的經營理念，始能活用人才、技術、資金、銷售等各方面的制度。

● 生產大眾化的產品時，不但要推出更優良的品質，售價也要便宜至少三成以上。

● 以人性為出發點，因而建立的經營理念及管理方法，必然正確且強而有力。

● 合理利潤的獲得，不僅是商人經營的目的，也是社會繁榮的基石。

● 與和自己有往來的公司共存共榮，是企業維持長久發展的唯一道路。

● 主管要不斷地在工作上提出他的想法和要求。

● 辛勞被肯定後，所流露的感激是無與倫比的喜悅。

● 雖然起步晚，只要不畏挫折，堅持到底，照樣能超越他人。

● 不論處在任何狀況，都要有發現光明之路的能力，要有視禍為福的堅毅決心。

● 智慧、時間、誠意都是企業的另一種投資。不懂這個道理的人，就不是真正的公司從業人員。

● 任何東西本身皆具有說服力，要善用物品的說服力，但不可用來賄賂。

● 充分了解人情的微妙而善加利用，即使是「壞消息」，也可使人覺得合情合理。

● 以經濟合理的標準美化產品造型，才能達到促銷的目的，並形成一種美的文化。

● 腦筋轉個不停，不但使計畫更周詳，別人也會受感染而願全力配合。

● 把握任何時刻與機會，以謙虛有禮的態度服務顧客。

● 一開始就堅持名副其實的信用，等於是替自己儲備了龐大的資金。

● 做生意，要有洞察時機、先發制人的能力，因為這是真刀真槍的決鬥，只許贏，不許輸。

● 為了不讓外資入侵，即使是一團泥塊，也要將它從水中挽救起來，更何況是被土覆住的金塊。

● 經營者除了具備學識、品德外，還要全心投入，隨時反省，才能領悟經營要訣，結出美好的果實。

● 人們對於進退事情，往往不容易看得開，但有時為情況需求，必須有所決定。或者，即使並無情勢逼迫，我們也必須決定自己的進退事宜。

● 不論是多麼賢明的人，畢竟只是一個人的智慧；不論是多麼熱心的人，也僅能奉獻一個人的力量。

● 經營者必須對任何事的成敗負責。所以，他既要充分授權，又要隨時聽到報告，給予適當指導。

國家圖書館出版品預行編目（CIP）資料

日本經營之神不是塑膠做的！松下幸之助の Panasonic 物語 / 李樂 著.
-- 第一版 . -- 臺北市：崧燁文化 , 2020.04
　　面；　公分
POD 版

ISBN 978-986-516-229-0(平裝)

1. 松下幸之助 2. 學術思想 3. 企業經營

494　　　　　　　　　　　　　　109005069

書　　名：日本經營之神不是塑膠做的！松下幸之助の Panasonic 物語
作　　者：李樂 著
發 行 人：黃振庭
出 版 者：崧燁文化事業有限公司
發 行 者：崧燁文化事業有限公司
E - m a i l：sonbookservice@gmail.com
粉 絲 頁：　　　　　　網 址：
地　　址：台北市中正區重慶南路一段六十一號八樓 815 室
8F.-815, No.61, Sec. 1, Chongqing S. Rd., Zhongzheng
Dist., Taipei City 100, Taiwan (R.O.C.)
電　　話：(02)2370-3310 傳　真：(02) 2388-1990
總 經 銷：紅螞蟻圖書有限公司
地　　址：台北市內湖區舊宗路二段 121 巷 19 號
電　　話:02-2795-3656 傳真:02-2795-4100　　網址：
印　　刷：京峯彩色印刷有限公司（京峰數位）
　　本書版權為千華駐科技出版有限公司所有授權崧博出版事業有限公司獨家發行
　　電子書及繁體書繁體字版。若有其他相關權利及授權需求請求與本公司聯繫。
定　　價：330 元
發行日期：2020 年 04 月第一版
◎ 本書以 POD 印製發行